GB/T 34280—2017
《全民健身活动中心管理服务要求》
国家标准应用指南

全国体育标准化技术委员会设施设备分技术委员会
北京华安联合认证检测中心有限公司 编著

中国质检出版社
中国标准出版社
北 京

图书在版编目(CIP)数据

GB/T 34280—2017《全民健身活动中心管理服务要求》国家标准应用指南/全国体育标准化技术委员会设施设备分技术委员会,北京华安联合认证检测中心有限公司编著. —北京:中国标准出版社,2019.1

ISBN 978-7-5066-9153-6

Ⅰ.①G… Ⅱ.①全…②北… Ⅲ.①群众体育—体育活动—管理—国家标准—中国 Ⅳ.①G812.4-65

中国版本图书馆 CIP 数据核字(2018)第 262151 号

中国质检出版社
中国标准出版社 出版发行

北京市朝阳区和平里西街甲 2 号(100029)
北京市西城区三里河北街 16 号(100045)

网址 www.spc.net.cn
总编室:(010)68533533 发行中心:(010)51780238
读者服务部:(010)68523946

中国标准出版社秦皇岛印刷厂印刷
各地新华书店经销

*

开本 787×1092 1/16 印张 7 字数 168 千字
2019 年 1 月第一版 2019 年 1 月第一次印刷

*

定价 75.00 元

编撰委员会

主　编：赵爱国　刘海鹏

编　委：王燕京　赵英魁　孙书伟　王晓阳　郭　寒
张家祥　郝虎山　郑国良　陈坤章　李艺仁
吴万鹏　张熔轩　李宇辰　于惊鸿　付　晋
葛泠悦　龙　荣　付嘉裕

前 言

全民健身观念的形成是社会发展的现实需求，也是体育运动充分实现其实用价值的重要体现。《全民健身计划(2016—2020年)》《“健康中国2030”规划纲要》等文件，提出“按照配置均衡、规模适当、方便实用、安全合理的原则，科学规划和统筹建设全民健身场地设施”。截至2013年，国家体育总局利用中央体育彩票公益金援建了3 300余个全民健身活动中心(雪炭工程)。同时，各地政府和社会资本投资建设的中小型全民健身中心数量也在逐渐增加，以全民健身活动中心为代表的健身设施将成为充实和完善群众体育基本公共服务供给的重要载体。然而，做好群众体育工作不仅要体现在全民健身场馆数量的增加，更要体现在场馆服务管理质量的提高。

为科学指导全民健身活动中心在日常运营过程中的服务与管理，加强全民健身设施建设与管理的标准化程度，在国家体育总局群体司的指导下，华体集团有限公司与北京华安联合认证检测中心有限公司等单位起草了GB/T 34280—2017《全民健身活动中心管理服务要求》，该国家标准已于2017年9月7日正式发布，2018年4月1日正式实施，由全国体育标准化技术委员会设施设备分技术委员会(SAC/TC 456/SC 1)归口管理。该标准规定了全民健身活动中心的服务要求、管理要求、检验评价方法，填补了我国公共体育设施，特别是专项类别公共体育设施的管理服务类标准的空白。解决了以往体育设施标准倾向关注竞赛规则和竞赛需求的问题。标准的发布与实施将有助于规范和指导全民健身活动中心的管理服务，有助于完善全民健身活动中心的顶层设计。

贯彻实施标准是标准化工作的目的，组织开展标准宣贯工作是保证标准宣贯实施效果的有效途径。为了更好地推动标准实施，体现标准在全民健身活动中心运营管理中的指导作用，全国体育标准化技术委员会设施设备分技术委员会、北京华安联合认证检测中心有限公司等单位编写了《GB/T 34280—2017〈全民健身活动中心管理服务要求〉国家标准应用指南》。

本书共四章。第一章为绪论，对标准的编制背景、目的和意义以及标准的编制过程进行了简要的介绍，总体阐述了本书编制的基本背景以及主要目的。第二章为GB/T 34280—2017《全民健身活动中心管理服务要求》条文释义，通过援引指标依据、详解技术要求以及图文示例等方式，分别对标准的范围、规范性引用文件、术语和定义、服务要求、管理要求、检验评价方法进行了逐条解释。第三章为标准实施的问题与思考，采用了问答形式，从全民健身活动中心的运营管理、岗位的培训、开放服务、工作制度、面层的维护和保养等方面，对标准实施过程中遇到的问题做出解释，增强了本书的实际应用价值。第四章为全民健身活动中心案例精选，优选了国内经营管理较为突出的全民健身活动中心，给标准的使用者以现实的案例参考。附录包括国家和地方相关法律法规及各省、市、自治区关于"全民健身活动中心"地方政策条款摘要。

本书旨在对GB/T 34280—2017《全民健身活动中心管理服务要求》进行宣贯，为标准使用者提供便捷实用的参考工具书。

编著者

2018年8月

目　录

第 一 章

绪　论

一、标准编制的背景

为公众提供较为充裕的公共产品和优质高效的公共服务，是政府的重要职责。坚持普惠性、保基本、均等化、可持续的方向，加快完善基本公共体育服务体系成为我国各级体育行政主管部门关切的重点。从 2001 年国家体育总局开始利用体育彩票公益金实施全民健身活动中心建设(含雪炭工程)以来，截至 2013 年，国家体育总局在全国援建的全民健身中心(含雪炭工程)达到 3 300 余个，各地政府和社会资本投资建设的中小型全民健身中心数量也在逐渐增加。2014 年 10 月，国务院印发了《关于加快发展体育产业促进体育消费的若干意见》(国发[2014]46 号)，将全民健身上升为国家战略，同时指出"各级政府要结合城镇化发展统筹规划体育设施建设，合理布点布局，重点建设一批便民利民的中小型体育场馆、公众健身活动中心、户外多功能球场、健身步道等场地设施。"2016 年 6 月印发的《全民健身计划(2016—2020 年)》(国发[2016]37 号)提出："按照配置均衡、规模适当、方便实用、安全合理的原则，科学规划和统筹建设全民健身场地设施。着力构建县(市、区)、乡镇(街道)、行政村(社区)三级群众身边的全民健身设施网络和城市社区 15 分钟健身圈"。

进入新时代，我国社会主要矛盾已经转化为人民日益增长的美好生活需要和不平衡、不充分发展之间的矛盾。面对我国公共体育健身设施总体供给不足，结构不尽合理，与人民群众日益增长的健身需求之间的矛盾，如何更好地简政放权、放管结合、优化服务，推动全民健身设施建设与管理成为摆在各级体育行政主管部门面前的关键问题。因此，提高全民健身设施建设与管理的标准化程度，加快全民健身设施标准供给，不断满足人民群众日益增长的体育健身需求，成为各级政府履行公共体育服务职能，优化服务供给的重要内容与有效抓手。

二、标准编制的目的意义

2016 年，国务院办公厅印发的《全民健身计划(2016—2020 年)》提出："出台全国全民健身公共服务体系建设指导标准，鼓励各地结合实际制定全民健身公共服务体系建设地方标准，推进全民健身基本公共服务均等化、标准化"。2015 年，国务院办公厅《关于印发国家标准化体系建设发展规划(2016—2020 年)的通知》也指出："加强公共体育服务、体育竞赛、全民健身、体育场馆设施以及国民体质监测等标准的研制与应用，重点推动体育产业标准化工作的开展，加快体育项目经营活动、竞赛表演业、健身娱乐业、中介活动、体育用品、信息产业等标准的制修订工作。

标准化工作在保障质量安全、推动供给侧结构性改革、促进生态文明、加快国家治理现代化等方面发挥着不可替代的重要作用。近年来，标准化越来越多地服务于党和国家中心工作。一些部门通过标准制定、宣贯实施与监督工作，支撑了国家经济转型升级，保障和改善了民生，促进了生态文明建设，推动了供给侧结构性改革。近年来，标准化战略已经逐渐应用于体育领域的诸多方面。全国体育标准化技术委员会和全国体育用品标准化技术委员会多年来累计制定了体育服务、体育设施设备、体育器材用品等领域的国家标准、行业标准近百项。

“十二五”和“十三五”期间，一系列推进全民健身中心、农民体育健身工程、县级公共体育场、体育公园、户外营地等健身场地设施建设的政策文件陆续印发。各地规划、建设和运营管理的全民健身设施日益增多。从技术角度对这些全民健身场地设施的规划、建设、施工、验收、运营与管理提出了一系列基本要求，有助于保障全民健身设施建设和管理水平的标准化和规范化。对国家层面尽快推出更为系统全面的健身场地设施项目建设管理技术规范和标准的需求日益明显。因此，自 2014 年起，国家体育总局群众体育司根据工作需要选择了全民健身中心、多功能公共运动场、农民体育健身工程、体育公园、健身广场、城市健身步道、登山健身步道等 12 个领域，进行立项研究，组织专门力量起草了全民健身场地设施项目建设管理技术规范。其中，还会同国家体育总局体育经济司向国家标准化管理委员会立项了包括《全民健身活动中心管理服务要求》在内的三项健身设施国家标准项目。经过多年努力，该标准按照《国家标准管理办法》(国家技术监督局第 10 号令)的要求，历经起草、征求意见、审查、报批、批准等阶段，最终发布。

本标准的发布实施对于提供全民健身中心公共服务水平，改善全民健身中心运营管理情况具有十分重要的理论意义和现实意义。标准的制定充分考虑到配置均衡、规模适当、方便实用、安全合理的原则，适用于全民健身场地设施的服务和管理。标准的制定、宣贯和实施将有助于推动公共体育设施建设和管理，有助于构建县(市、区)、乡镇(街道)、行政村(社区)三级群众身边的全民健身设施网络和城市社区 15 min 健身圈。

三、标准编制情况说明

(一) 标准的编制过程

2014 年 4 月，在国家体育总局群众体育司指导下，主要执笔单位华体集团有限公司和北京华安联合认证检测中心有限公司组建标准起草组，集中技术人员开始对近年来国家体育总局资助命名的全民健身活动中心进行信息梳理。通过检索文献、查阅政策文件、借鉴相关标准，在 2014 年 6 月初步形成了工作组讨论稿，供起草单位共同研究讨论。

2014 年 7 月开始，起草组结合全民健身活动中心和户外健身场地的全国调研评估工作，陆续调研标准化对象，为标准制定收集信息，掌握标准化对象的客观现实状况，同时结合工作组负责内容进行讨论，于 2015 年 1 月形成工作组讨论稿第二稿。

2015 年 1 月 21 日～22 日，全国体育标准化技术委员会设施设备分会秘书处受国家体育总局群众体育司的委托，在湖北省武汉市组织召开了《全民健身活动中心分类配置要求》《全民健身活动中心管理服务要求》《城市社区多功能公共运动场配置要求》3 项国家标准工作组讨论稿的讨论会。来自国家体育总局群众体育司健身设施处、北京体育大学、华中师范大学、中国地质大学、黄冈师范学院、湖北省体育局、上海市体育局、重庆市体育局、华体集团有限公司、北京华安联合认证检测中心、武汉昊康健身器材有限公司、青岛英派斯健康科技有限公司、山西澳瑞特健康产业股份有限公司、舒华股份有限公司、深圳市好家庭实业有限公司等单位的31名专家代表参与了讨论会。会议对标准框架结构、若干标准之间的内容协调组成、标准起草侧重内容提出了重要的意见和建议。

2015年2月4日～5日，起草组有关执笔人赴江苏省常州市调研乡镇和街道全民健身活动中心，对照标准工作组讨论稿进行实地对标验证，考察东部地区相对发达城市的基层全民健身设施，为起草标准提供现实依据和数据积累。

2015年2月～5月，起草组结合北京华安联合认证检测中心有限公司执笔起草的《命名资助全民健身活动中心建设与运营管理情况调研报告(2014)》的正式截稿报告，参考其中的主要数据和前期调研成果，参考国家体育总局2015年颁布的部门规章《体育场馆运营管理办法》，对标准工作组讨论稿进行了重新论证和修改，精简了服务管理部分的要求，区分了公共服务和内部管理的要求条款，补充了检验评价方法的章节内容，形成了征求意见稿，呈交标委会秘书处向社会公开征求意见。

2015年5月11日，全国体育标准化技术委员会设施设备分技术委员会印发《关于对〈全民健身活动中心分类配置要求〉等两项国家标准征求意见的函》(体设施标字[2015]6号)，历时2个月的书面征求意见工作，征求意见材料发放至160多个单位，其中全国体育标准化技术委员会设施设备分技术委员会委员单位62个、国家体育总局机关部门及直属单位3个、生产服务商企业5个、建筑设计咨询检验机构2个，用户(全民健身活动中心)40个、行政部门(各省区市、计划单列市体育局)37个、科研院校及技术组织专家11个。收到“征求意见稿”后，回函并有建议或意见的单位11个，收集意见39条。2015年7月，全国体育标准化技术委员会设施设备分技术委员会组织起草单位根据意见修改完成送审讨论稿。

2015年9月24日～25日，全国体育标准化技术委员会设施设备分技术委员会组织有关行业管理、生产、服务提供、科研、检验等单位和院校的专家，在江苏省南京市召开了该标准的预审会。会议围绕2015年7月形成的标准送审讨论稿，进行了逐条逐段的审议和讨论。会议对标准送审讨论稿的篇章结构和条款内容给予了充分肯定，对于标准定义的科学厘定、语句表述和部分内容的详略原则进行了进一步的确定。会后，起草组根据意见修改形成了本标准的送审稿。

2016年3月15日，全国体育标准化技术委员会设施设备分技术委员会印发《关于组织〈全民健身活动中心分类配置要求〉等两项国家标准函审的通知》(体设施标字[2016]3号)，征求意见材料提交全国体育标准化技术委员会设施设备分技术委员会全体委员，共计62份。历时2个月的函审工作，共收回回函45份。其中，赞成的40份；赞成且有意见的4份；不赞成，如采纳建议或意见改为赞成0份；弃权1份。2016年5月，全国体育标准化技术委员会设施设备分技术委员会组织起草单位根据委员函审意见进一步妥善修改、处理完善标准报批稿。

2016年6月，全国体育标准化技术委员会设施设备分技术委员会将标准报送至国家标准化技术委员会。评审专家对标准中部分章节提出了问题，全国体育标准化技术委员会设施设备分技术委员会针对问题对评审专家进行了解释，同时对部分标准章节进行了调整，同年11月，该标准通过终审。

（二）标准编制遵循的原则

（1）秉持先进性原则。标准的制定结合和参考国内外最新标准和全民健身活动中心具体情况，一方面充分利用全民健身活动中心调研结果，研究总结了不同活动中心的服务要求、管理要求；另一方面加入了社会责任、安全管理、售后服务等方面我国的最新标准研究成果。

（2）秉持科学性原则。科学性原则主要体现在本标准开展了广泛的实地调研，统筹兼顾了我国经济发达和经济欠发达地区的标准平衡问题，同时广泛征求了生产、使用、科研、检验部门和院校等方面的意见和建议。

（3）秉持适用性原则。本标准对于服务管理的内容涉及必须达到的要求和推荐性的建议两个方面，在标准术语标示上予以区分。便于中心因地制宜，提供差异性的服务。因此，标准具备较强的适用性和灵活性。

（三）标准编制的依据

本标准制定的主要参考依据来自政策性规定和技术性规范 2 个部分。

1. 政策性依据和标准

主要包括 2008 年国家体育总局《关于印发〈全民健身活动中心命名资助办法（试行）〉的通知》（体群字[2008]97 号）、2011 年国家体育总局群众体育司印发的《〈全民健身计划（2011—2015 年）〉体育健身设施建设指南》、2014 年国家发展改革委印发的《关于开展政府和社会资本合作的指导意见》（发改投资[2014]2724 号）、2014 年财政部印发的《关于印发〈政府和社会资本合作模式操作指南（试行）〉的通知》（财金[2014]113 号）等。

2. 技术性依据和标准

本标准制定参考的技术性依据和标准主要为：

（1）标准：GB/T 36002—2015《社会责任绩效分类指引》、GB/T 36000—2015《社会责任指南》、GB/T 28238—2011《体育用品售后服务的要求》、TY/T 3001—2014《体育场所服务质量管理　通用要求》、GB 19079《体育场所开放条件与技术要求》系列标准等。

（2）调研报告：《命名资助全民健身活动中心建设与运营管理情况调研报告（2014）》。

（3）研究文献：《大型体育赛事质量管理标准研究》。

（4）认证机构技术规范：HAUC 003—2006《体育场所服务保证能力要求》。

（5）国家体育总局部门规章：《体育场馆运营管理办法》（体经字[2015]36 号）。

（6）法规：《北京市体育运动项目经营单位安全生产规定》（北京市人民政府令第 179 号）《大型群众性活动安全管理条例》（国务院第 505 号）等。

（四）标准的适用范围

本标准适用于各类全民健身活动中心，其他健身中心可参照执行。

第二章

GB/T 34280—2017《全民健身活动中心管理服务要求》条文释义

一、范围

【标准条文】

> 1　范围
>
> 本标准规定了全民健身活动中心对社会公众开放的服务要求、管理要求和检验评价方法。
>
> 本标准适用于各类全民健身活动中心，其他健身中心可参照执行。

【条文释义】

1. 本标准主要规定了全民健身活动中心对社会公众开放的服务要求、管理要求和检验评价方法三部分内容。

   服务要求：从对外开放、公众服务和社会责任三个方面做出具体要求。

   管理要求：对设施设备管理、人力资源管理、质量控制管理、安全管理、内外部沟通管理和财务、采购与合同管理六个方面做出具体要求。

   检验评价方法：主要对全民健身活动中心服务要求与管理要求的条款内容检查项进行汇总，并提出检验和评价的方法。

2. 本标准主要解决全民健身活动中心日常管理和服务方面的规范性问题，其他健身中心可参照使用本标准。

二、规范性引用文件

【标准条文】

> 2　规范性引用文件
>
> 下列文件对于本文件的应用是必不可少的。凡是注日期的引用文件，仅注日期的版本适用于本文件。凡是不注日期的引用文件，其最新版本(包括所有的修改单)适用于本文件。
>
> GB/T 34281　全民健身活动中心分类配置要求
>
> 大型群众性活动安全管理条例(国务院令第505号)

【条文释义】

本章列出了 GB/T 34280—2017《全民健身活动中心管理服务要求》规范性引用文件共2项。凡是注日期的规范性引用文件，仅注日期的版本适用于 GB/T 34280—2017。凡是不注日期的规范性引用文件，其最新版本（包括所有的修改单）适用于 GB/T 34280—2017。

三、术语和定义

【标准条文】

3 术语及定义

GB/T 34281 界定的以及下列术语和定义适用于本文件。

3.1

社会体育指导员 social sports instructors

在体育活动中从事运动技能传授、科学健身指导和组织管理工作的人员。

注：可分为公益社会体育指导员和职业社会体育指导员两类。

3.2

游泳救生员 swimming lifeguard

在游泳场所中对游泳者的安全进行有效的观察和防护，对溺水者进行赴救，并在医务人员到来之前进行现场急救的人员。

【条文释义】

1. GB/T 34281—2017《全民健身活动中心分类配置要求》中的术语在本标准中同样适用。
2. 在体育活动中从事运动技能传授、科学健身指导和组织管理工作的人员称为社会体育指导员。社会体育指导员的管理应严格按照《社会体育指导员管理办法》中的规定。

   社会体育指导员的作用大致可以归纳如下：

   (1) 咨询

   ① 能够完整地介绍服务项目；

   ② 能够根据服务对象需求推荐服务项目；

   ③ 能够指导练习者做好运动前的准备工作。

   (2) 技术指导

   ① 能够根据练习者的要求、练习内容选择练习器材的种类与规则；

   ② 能够判断器材的质量；

   ③ 能够做到准确、清楚、简明扼要地讲解技术动作要领，并正确运用多种方法进行示范；

   ④ 能够正确指导练习者进行练习前的热身活动；

   ⑤ 能够合理安排各个项目的练习时间；

   ⑥ 能够正确指导练习者进行练习后的整理活动。

   (3) 健身指导

① 能够指导练习者提高力量、速度、耐力、灵敏素质；

② 能够为练习者的健身练习提供保护和帮助。

社会体育指导员分为公益社会体育指导员和职业社会体育指导员。公益社会体育指导员由各级体育行政主管部门培训并颁发证书，主要职责为公益性的健身指导服务。职业社会体育指导员通过从事运动技能传授、科学健身指导和组织管理工作获取劳动报酬。职业社会体育指导员由各省体育行业特有工种职业技能鉴定站负责鉴定，考核合格者颁发人力资源和社会保障部印发的职业资格证书。

社会体育指导员共分四个等级，分别为初级社会体育指导员（国家职业资格五级）、中级社会体育指导员（国家职业资格四级）、高级社会体育指导员（国家职业资格三级）、社会体育指导师（国家职业资格二级），级别按照初级、中级、高级、指导师依次递进，指导师为最高级别。

3. 游泳救生员是在游泳场所中对游泳者的安全进行有效的观察和防护，对溺水者进行赴救，并在医务人员到来之前进行现场急救的人员。游泳救生员的主要职责归纳如下：

(1) 对游泳场所的安全进行检查，排除安全隐患；

(2) 对游泳者的安全进行有效的观察和防护；

(3) 对溺水者进行现场赴救；

(4) 对游泳运动中常见的运动损伤进行初步应急处理；

(5) 在医务人员到来之前，对溺水者进行现场急救；

(6) 现场人工呼吸和心肺复苏。

GB 19079.1—2003《体育场所开放条件与技术要求　第1部分：游泳场所》对游泳救生员数量的规定："水面面积在 250 m^2 及以下的游泳池，应至少配备游泳救生员 3 人；水面面积在 250 m^2 以上的游泳池，应按面积每增加 250 m^2 及以内增加 1 人的比例，配备游泳救生员。"

根据《国家职业标准》要求，凡从事游泳场所救生工作的人员必须通过国家指定的培训机构进行培训，通过指定的鉴定站进行鉴定考核，取得国家劳动和社会保障部统一印制的《游泳救生员国家职业资格证书》方可上岗。体育行业特有工种职业人员应定期参加培训，保持职业资格证书的持续有效，培训应形成书面记录。

游泳救生员共分三个等级：初级游泳救生员（国家职业资格五级）、中级游泳救生员（国家职业资格四级）、高级游泳救生员（国家职业资格三级）。

"社会体育指导员""游泳救生员"的鉴定考试可通过各省市体育行业特有工种职业技能鉴定站报名，还可登录国家体育总局职业技能鉴定指导中心网站登录报名（见图 2-3-1）。

（国家体育总局职业技能鉴定网络管理平台网址：http://www.sportosta.org.cn/ost/homePageAction.do?method=init&ipflag=0）

图 2-3-1　国家体育总局职业技能鉴定指导中心网站

【标准条文】

3.3

接触面　interface

全民健身活动中心服务与顾客发生接触的方面。

3.4

核心接触面　core interface

影响人身安全健康、服务质量、顾客经常感受到并需经顾客评价的接触面。

3.5

服务承诺　service commitment

在核心接触面上，以书面或口头形式向顾客表述的服务质量的诺言。

【条文释义】

1. 接触面。接触面主要指全民健身活动中心服务与顾客发生接触的方面。全民健身活动中心所有可能与顾客发生直接或者间接接触的方面都可称其为“接触面”,顾客使用的健身卡、更衣柜、健身器材,顾客接触到的指导人员的服务、销售人员沟通电话等均视为服务的接触面。

2. 核心接触面。我们将影响人身安全健康、服务质量、顾客经常感受到并需经顾客评价的接触面定义为核心接触面。以游泳馆为例,顾客与提供服务的服务人员(包括接待人员、服务员、救生员、医务人员等)的接触,与游泳池内水(物质)的接触均是核心接触面的要素。

3. 服务承诺。在核心接触面上,以书面或口头形式向顾客表述的服务质量的诺言就是我们一般所指的服务承诺。服务承诺应至少包含满足安全、环保、人身健康和卫生等法律、法规和标准等方面的内容。

服务承诺的作用主要表现为以下五个方面:

(1) 可以提高顾客的忠诚程度;

(2) 有利于降低顾客的认知风险;

(3) 有利于树立顾客向导的服务理念;

(4) 有利于顾客监督;

(5) 有利于企业营造团结向上的气氛。

若服务承诺未兑现,运营场馆应根据情况及时纠正,持续改进服务质量,并采取必要补救措施。如道歉、物质赔偿等。消除顾客不满意,增强顾客信任度。

四、服务要求

【标准条文】

> 4 服务要求
>
> 4.1 对外开放
>
> 4.1.1 每周开放时间应不少于 40 h,全年开放时间应不少于 330 d。
>
> 4.1.2 国家法定节假日、全民健身日和学校寒暑假期时间,每天开放时间应不少于 8 h。
>
> 4.1.3 除不可抗力外,因维修、保养、安全、训练、赛事等原因,不能向社会开放或调整开放时间的,应提前 7 d 向公众公示。

【条文释义】

1.《体育场馆运营管理办法》第二章第九条规定:训练场馆和专业性较强的场馆在保障专业训练、比赛等任务的前提下积极创造条件对社会开放。

除上述场馆之外的其他体育场馆每周开放时间一般不少于 35 h,全年开放时间一般不少于 330 d。国家法定节假日、全民健身日和学校寒暑假期间，每天开放时间不得少于 8 d。

2. 2014 年，国家体育总局群众体育司对全国 31 个省（市、区）的 300 余个命名资助的全民健身活动中心抽样调研，并编制了《命名资助全民健身活动中心建设和运营管理调研评估报告(2014)》，报告中显示，日均开放时间在 8 h 以下的全民健身活动中心只占全部抽样样本的 9.8%；日均开放时间在 8～10 h 的占全部抽样的样本的 28.6%；开放时间在 11～13 h 的全民健身活动中心占全部抽样样本的42.8%；开放时间在 14 h 以上的全民健身活动中心占全部抽样样本的 18.8%。详见图 2-4-1。根据调研，90%以上的全民健身活动中心能够日常开放 8 h 以上，合算成周对外开放时间能够达到 40 h。

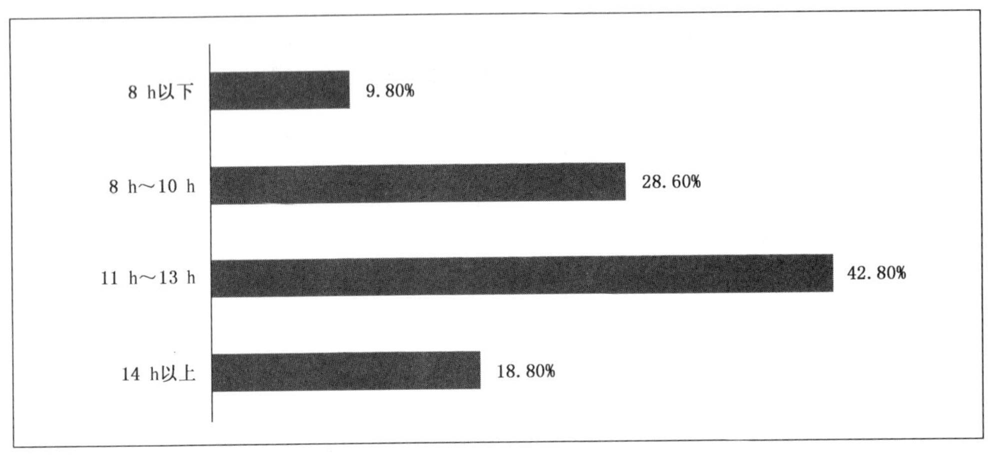

图 2-4-1　全民健身活动中心日均开放时间分层统计比例示意图

因此，作为向公众开放，提供公共体育服务的全民健身活动中心，在符合体育场馆一般开放要求的基础上，理应更大限度、更长时间地向公共提供服务。因此，在结合上述数据测算的基础上，标准对全民健身活动中心开放时间的要求定为“每周开放时间应不少于 40 h，全年开放时间应不少于 330 d”。

与此同时，编者建议全民健身活动中心室外场地每天应能够对外开放 12 h 以上，以便满足周围群众体育健身需求。国家法定节假日、全民健身日和学校寒暑假期间，群众对体育休闲健身的时间需求较长，全民健身活动中心应适当延长开放时间。且最少不能低于每天 8 h 的开放时间。

3. 《体育场馆运营管理办法》第三章第二十三条规定：“体育场馆运营单位应当公示服务内容、开放时间、收费项目和价格、免费或低收费开放措施等内容。除不可抗力外，因维修、保养、安全、训练、赛事等原因，不能向社会开放或调整开放时间的，应当提前 7 日向公众公示。”全民健身活动中心承载公共体育服务职能，日承载群众健身量很大，调整开放时间或不能开放，直接涉及群众基本公共服务权利保障问题，关系重大，涉及面广。因此，应妥善做好预案安排和社会公示。公示时应将公示内容放在全民健身活动中心明显位置，如入口处、前台附近（见图 2-4-2）。有条件的还可在网站上进行公示、短信通知或利用微信、微博自媒体进行通告。

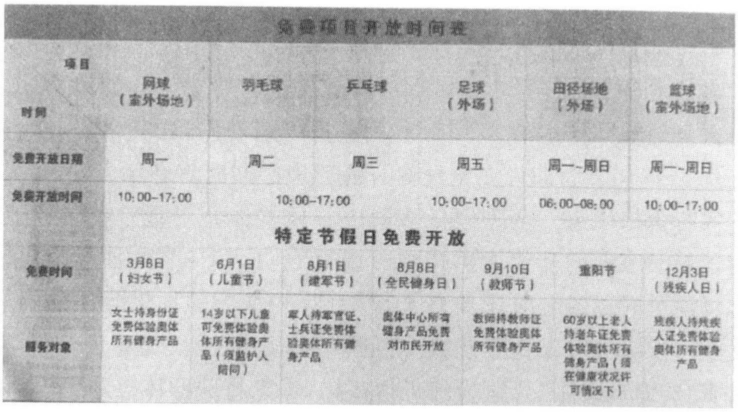

免费项目开放时间表

项目＼时间	网球（室外场地）	羽毛球	乒乓球	足球（外场）	田径场地（外场）	篮球（室外场地）
免费开放日期	周一	周二	周三	周五	周一–周日	周一–周日
免费开放时间	10:00–17:00	10:00–17:00		10:00–17:00	06:00–08:00	10:00–17:00

特定节假日免费开放

免费时间	3月8日（妇女节）	6月1日（儿童节）	8月1日（建军节）	8月8日（全民健身日）	9月10日（教师节）	重阳节	12月3日（残疾人日）
服务对象	女士持身份证免费体验奥体所有健身产品	14岁以下儿童可免费体验奥体所有健身产品（须监护人陪同）	军人持军官证、士兵证免费体验奥体所有健身产品	奥体中心所有健身产品免费对市民开放	教师持教师证免费体验奥体所有健身产品	60岁以上老人持老年证免费体验奥体所有健身产品（须在健康状况许可情况下）	残疾人持残疾人证免费体验奥体所有健身产品

图 2-4-2　全民健身活动中心公示栏

【标准条文】

> 4.1.4　应在全民健身日对社会公众实行免费开放。
>
> 4.1.5　在保障安全的条件下，向老年人、残疾人、少年儿童开放使用时，应实行优惠措施。
>
> 4.1.6　条件允许的情况下，宜向团体客户优惠开放体育健身场地设施。
>
> 4.1.7　日常运营中，宜将一部分体育活动场地分时段免费或优惠对社会公众开放。

【条文释义】

1. 根据《全民健身条例》（国务院令第 560 号）第三章第十二条规定：每年 8 月 8 日为全民健身日。县级以上人民政府及其有关部门应当在全民健身日加强全民健身宣传。

公共体育设施应当在全民健身日向公众免费开放；国家鼓励其他各类体育设施在全民健身日向公众免费开放。

2. 全民健身活动中心应在保障老年人、残疾人、少年儿童安全使用健身设施的同时；针对老年人、残疾人、1.4cm 以下儿童等人群群体，宜在原有低收费基础上再次给予适当的优惠措施。

3. 全民健身活动中心常见的团体客户有企事业单位、学校、体育社团及民间组织等。上述团体客户在全民健身活动开展中扮演着聚集人气，形成规模，宣传推广的重要角色。同时，团体客户也将成为全民健身活动中心运营开放的主要收入来源。在条件允许的情况下。建议全民健身活动中心维护好、发展好团体客户，对有潜力的团体客户实施开放优惠政策，吸引大批优秀团体入驻办公或开展活动，积极拉动体育健身消费，推动体育产业发展。

4. 统计显示，周一至周五的 10:00～17:00 是健身低谷时段，选择这段时间健身的人流量相对较少，全民健身活动中心可将其作为公益时段，分场地分时段面向公众免费或低收费开放。这样有助于增加健身低谷时段的人流量，提高全民健身活动中心的声誉，获得良好的口碑，达到宣传推广的作用，有利于全民健身活动中心持续运营和管理。

根据《命名资助全民健身活动中心建设和运营管理调研评估报告（2014）》显示，全民健身活动中心针对老年人实行价格优惠的占全部抽样样本的32.5%;全民健身活动中心针对残疾人实行价格优惠的占全部抽样样本的31.4%;全民健身活动中心针对青少年实行价格优惠的占全部抽样样本的37.1%;全民健身活动中心针对集团公众团队实行价格优惠的占全部抽样样本的37.6%。从数据可以看出,四种价格优惠措施占全部抽样样本的比例大于100%,即许多全民健身活动中心同时对老年人,残疾人,青少年或集团公众团队实行价格优惠。全民健身活动中心根据体育场地设施运营成本情况,有针对性地制定了灵活多样的开放优惠措施。统计表明,40.3%的抽样全民健身活动中心实施了全部场地全时段或分时段免费开放措施;59.7%的抽样全民健身活动中心实施了部分场地全时段或分时段免费开放。根据调研显示,全民健身活动中心普遍秉持“不收费或低收费”的开放原则,惠民措施灵活多样,普惠特殊群体措施有效到位。

5. 全民健身活动中心应加大免费或低收费开放服务的宣传力度,吸引群众错峰健身,提高场地的全时段利用率。如图2-4-3为四川省广元市昭化区体育馆免费项目开放情况。该全民健身活动中心采取了分时段免费开放一部分场地和特定节假日对特定群体免费开放的管理措施。

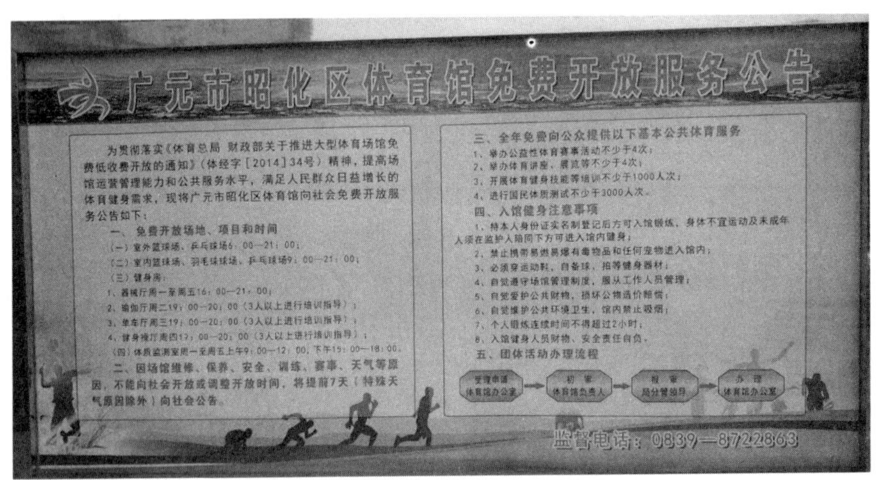

图2-4-3 四川省广元市昭化区体育馆免费项目开放情况

【标准条文】

> 4.2 公众服务
>
> 4.2.1 应根据体育场地设施条件,提供健身指导服务和活动组织服务。

【条文释义】

全民健身活动中心运营过程中,应积极组织体育活动,并提供健身指导服务(见图2-4-4)。

(1) 健身指导服务通常指由社会体育指导员负责在体育活动中传授运动技能、指导科学健身、保障群众健康安全。

(2) 活动组织服务通常指由全民健身活动中心根据群众喜爱的运动项目和自身运

动设施条件，定期组织健身团体开展体育活动展示、群体体育竞赛、体质测试服务、体育健身科普讲座等形式多样的活动。

图 2-4-4　健身指导服务

【标准条文】

4.2.2　应投保场馆公众责任保险。

【条文释义】

公众责任是指公共场所的经营人在经营公共场所时由于过失等侵权行为，致使在该公共场所的消费者的人身或财产受到了损害，依法应由责任人对受害人承担的赔偿责任。公众责任险是对公众责任的保险，它以被保险人的公众责任为承保对象，是责任保险中独立的、适用范围最为广泛的保险类别。

在体育领域中，我国公民对体育场馆公众保险的意识较低。绝大多数的体育场馆经营者认为，只有类似游泳场馆的高危性体育场馆投保公众责任险才是有必要且强制性的，而其他类型的体育场馆没有必要投保。其实不然，全民健身活动中心作为公共体育场馆，高峰时段锻炼人群较多且相对集中，存在发生意外伤害事故的风险。当事故发生后，受侵害人难免要与公共体育场馆界定责任，谈及赔偿。全民健身活动中心作为对社会免费或低收费开放的公益性体育场所，其对受害人的经济赔偿能力是有限的，甚至可能无力赔偿。而如果经营者投保了公众责任保险，当意外事故发生后，保险公司可以直接介入责任事故的事后救助和善后处理，受害人可以迅速获得赔偿，尽快恢复正常秩序，特别是在一些重大的责任事故发生后，在事故责任人无力赔偿的情况下，通过建立公众责任保险制度，可以使赔偿有所保障，使人民群众的生命和财产利益得到有效保护。

全民健身活动中心投保体育场馆公共责任险，保险公司可以承保被保险人在营业场所内从事生产、经营等活动时，因过失导致意外事故发生，造成第三者人身伤亡或财产损失的经济赔偿责任，承担被保险人因保险事故而发生的仲裁或诉讼费用，承担事先经保险人书面同意支付的其他必要的、合理的费用。

【标准条文】

> 4.2.3 应完善与群众体育活动承载功能相互支持的配套服务，优化消费环境，提供与群众健身、群众性体育赛事、体育培训等功能相适应的商业服务。

【条文释义】

完善与群众体育活动承载功能相互支持的配套服务，优化消费环境，匹配健身项目所需的功能设施和配套服务是为健身群众提供优质公共服务，完善场馆运营能力的必要手段。例如，游泳场所可以提供教学和训练器材的售卖和租赁服务；健身场所可提供体适能测试和分析的服务等。

2014 年，国务院印发《关于加快发展体育产业促进体育消费的若干意见》(国发[2014]46 号)指出："到 2025 年，基本建立布局合理、功能完善、门类齐全的体育产业体系，体育产品和服务更加丰富，市场机制不断完善，消费需求愈加旺盛，对其他产业带动作用明显提升，体育产业总规模超过 5 万亿元，成为推动经济社会持续发展的重要力量"，这需要体育市场中每条产业链都能有所贡献。全民健身是体育产业发展的重要基石，全民健身活动中心是体育产业中一个不可或缺的一环。

全民健身活动中心可在健身指导服务、体育培训服务、体育用品零售、体育用品和体育场地租用、体育活动赞助等方面提供服务，培育体育人口，为群众体育活动和大众健身配套必要的商业服务(见图 2-4-5)。这些商业服务所获得的收入既满足和支持了全民健身活动中心场馆的正常运营成本支出，又促进了全民健身活动中心可以向公众提供分时段的免费或低收费开放服务。

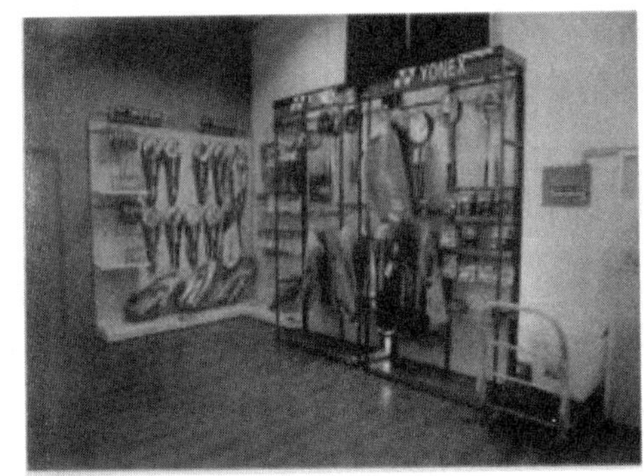

图 2-4-5 全民健身活动中心商业服务

【标准条文】

> 4.2.4 应公示服务内容、开放时间、收费项目和价格、免费或优惠开放措施等内容。

【条文释义】

要求全民健身活动中心主动公示服务内容、开放时间、收费项目和价格、免费或优惠开

放措施等内容的原因主要有以下三个方面：

（1）提高公共体育场馆收费的透明度，确保免费、低收费开放；

（2）群众可根据公示内容对全民健身活动中心的开放服务进行监督，有助于提高群众的参与度和信任度；

（3）方便健身群众根据优惠政策安排自己的健身时间与健身项目。

公示内容应在全民健身活动中心明显位置摆放，如全民健身活动中心入口处、前台附近。有条件的还可在网站上进行公示。

游泳场地还应每日对外公示水温、室温、pH 值、余氯值等信息（见图 2-4-6）。

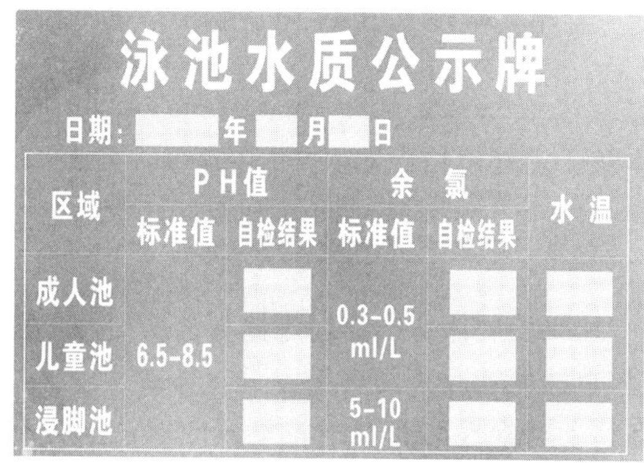

图 2-4-6　游泳场地公示内容

【标准条文】

> 4.2.5　宜面向公众提供免费的体质测试服务，有条件的宜提供书面报告。可提供科学健康管理服务，开展相关健康、健身、运动处方、饮食建议等服务。

【条文释义】

体质测试的意义在于帮助人们了解自己的身体素质状况和体育锻炼效果，将身体素质数字化，然后根据数据直观、综合分析出自己的身体状态，还可以监测自己的体质与健康状况的变化程度。有针对性地选择锻炼策略，制定切实可行的锻炼计划，督促人们进行体育锻炼，为开展全民健身提供科学的依据。国家统一检测指标：体质十一项包括身体形态指标（身高、体重），身体素质指标〔握力、纵跳、俯卧撑（男）、1 min 仰卧起坐（女）、坐位体前屈、闭眼单脚站立和选择反应时〕和身体机能指标（肺活量、台阶试验）三大类（见图 2-4-7）。

健康管理是以预防和控制疾病发生与发展，降低医疗费用，提高生命质量为目的，针对个体及群体进行健康教育，提高自我管理意识和水平，并对其生活方式相关的健康危险因素，通过健康信息采集、健康测试、健康评估、个性化健康管理方案、健康干预等手段持续加以改善的过程和方法。

全民健身活动中心可针对体质测试报告，提供健康管理、运动处方提供、健身指导等延伸服务和增值服务，为健身后市场进行消费导流，给予消费者更多的健康资讯和服务，并可通过国民体质监测和健康管理服务，加强群众对体育健身的重视程度，为建设“健康中国”和“体育强国”做出不懈努力。

a) 坐位体前屈测试

b) 俯卧撑测试（左）、1 min仰卧起坐测试（右）

图 2-4-7 国民体质监测

【标准条文】

4.2.6 宜为相关的体育组织、体育协会优惠提供体育活动场所和办公场所。

【条文释义】

近年来,《国务院关于加快发展体育产业促进体育消费的若干意见》(2014[46]号)、《体育总局关于推进体育赛事审批制度改革的若干意见》(体政字[2014]124 号)及其配套文件的印发,大力推动了商业性和群众性体育赛事审批权的取消。与此同时,与商业性和群众性体育赛事举办密切相关的体育社团得到快速发展。体育社团具备良好的赛事资源、稳定的客户亲和力、固定的活动频率和专业的组织能力,可以为全民健身活动中心进行客源导流,也可以协助全民健身活动中心组织专业性体育比赛。因此,全民健身活动中心宜为相关的体育组织、体育协会优惠提供体育活动场所和办公场所,凭借社团体育活动的举办,提高全民健身活动中心的知名度和美誉度,促进全民健身活动中心全面、健康、可持续发展。

【标准条文】

4.2.7 宜举办具有自主品牌的群众性体育赛事和体育活动,引进国内外知名群众体育赛事和活动。

【条文释义】

国家体育总局印发的《体育场馆运营管理办法》第十条规定:"体育场馆应当突出体育赛事和群体活动的承载功能,全年举办的活动中非体育类活动次数不得超过总活动次数的40%。鼓励有条件的体育场馆举办具有自主品牌的群众性体育赛事,承接职业联赛,引进国内外知名体育赛事。"

国家体育总局赵勇副局长在 2017 年全国省级群体干部培训班上的讲话中提出,要"丰富群众身边的体育健身活动"和"支持群众身边的体育健身赛事"。提出了加强举办群众身边体育活动和体育赛事的重要指导思想。以丰富健身活动推广体育项目,以举办群众身边赛事调动群众健身积极性。

《全民健身计划(2016—2020 年)》也指出:"将体育文化融入体育健身的全周期和全过程,以举办体育赛事活动为抓手,大力宣传运动项目文化,弘扬奥林匹克精神和中华精神,挖掘传承传统体育文化，发挥区域特色文化遗产的作用。"如今，许多全民健身活动中心都已经建立了自己的特色体育赛事，调动了周边群众的健身积极性，并获得了群众的一致认可。

同时，《全民健身计划(2016—2020年)》还指出："拓展国际大众体育交流，引领全民健身开放发展。坚持'请进来，走出去'拓展全民健身理论、项目、人才、设备等国际交流渠道，推动全民健身想更高层次发展。"所谓体育无国界，一些国外流行的体育项目、活动我们能经常在电视转播中看到，但由于缺少运动环境或专业器材，很少能够亲身接触、参与其中，也很难理解该项目带来的无穷魅力，全民健身活动中心应起到桥梁作用，将国外知名项目、赛事、活动引进来。提高周边群众的兴趣，推广普及新兴体育运动项目，带动我国全民健身事业发展。

以武汉全民健身活动中心和临沂市全民健身活动中心为例。

武汉全民健身活动中心(原塔子湖体育场馆)位于汉口北部后湖地区，是武汉市城市总体规划中四大体育中心之一，占地约466 667 m^2，总建筑面积64 000 m^2。场馆建设有网球场、篮球场、乒乓球馆、羽毛球馆、足球场及健身俱乐部、游泳馆、跆拳道场、轮滑超大训练场地等。在全国第六届城市运动会期间承担了曲棍球、垒球、射箭(见图2-4-8)、飞碟四项比赛，比赛场馆、设施一流，圆满完成了比赛期间的各项赛事任务。武汉全民健身活动中心通过承办大型的赛事活动，提高了品牌知名度，积累了良好的专业赛事场地和活动组织能力，使得武汉全民健身活动中心得到了更好的发展。

临沂市全民健身活动中心是一项重点民生工程。该全民健身活动中心为国有大型体育企业运营，采取市场化经营方式，秉承诚信、责任和服务理念。全民健身活动中心举办和承办了多项运动赛事，包括：临沂市第七届全民健身运动会、2017"威海市商业银行"杯临沂市第四届羽毛球超级联赛、甲级联赛、乒乓球联赛等群众性赛事(见图2-4-9)。形成了自身的品牌赛事，通过自主品牌赛事平添了全民健身活动中心的发展后劲。

图2-4-8　第六届城市运动会射箭项目

图2-4-9　临沂市全民健身活动中心比赛

【标准条文】

> 4.3　社会责任
>
> 4.3.1　应积极履行社会责任，在组织治理、员工权利、就业和劳动关系、环境保护、公平运行(公平竞争)、消费者权益保护和支持体育相关发展等方面遵守法律法规要求，提供良好行为示范。

【条文释义】

根据《中华人民共和国公司法》第五条规定："公司从事经营活动，必须遵守法律、行政法规，遵守社会公德、商业道德，诚实守信，接受政府和社会公众的监督，承担社会责任。"

全民健身活动中心应在组织内部治理管理、员工权利保障、就业和劳动管理处理、环保措施执行和消费者权益保护等领域严格执行国家法律法规要求，树立良好的正面示范，传播时代正能量。积极承担社会责任有助于被社会认可，提升场馆运营效益，塑造场馆社会形象，获得群众、合作商及政府等各界的大力支持。

【标准条文】

> 4.3.2 应符合国家对于公共机构能源管理所提出的各类强制性采购要求、能耗产品能效标准、节能设计标准等法律法规和技术标准。

【条文释义】

全民健身活动中心作为公共机构节能，是全国节能减排工作的重要组成部分。推进公共机构节能，是加快建设资源节约型、环境友好型社会的重要举措，也是公共机构加强自身建设，树立良好社会形象的必然要求。同时，公共机构带头节能，对于增强全体国民的节能意识，在全社会形成良好的节能氛围，具有积极的导向和示范作用。《公共机构节能条例》(中华人民共和国国务院令第531号)第三十条规定："公共机构应当严格执行国家有关空调室内温度控制的规定，充分利用自然通风，改进空调运行管理。"第三十二条规定："公共机构办公建筑应当充分利用自然采光，使用高效节能照明灯具，优化照明系统设计，改进电路控制方式，推广应用智能调控装置，严格控制建筑物外部泛光照明以及外部装饰用照明。"

全民健身活动中心主要能耗包括空调、电气、给水排水等方面：

(1) 空气调节系统冷热媒温度的选取应符合 GB 50736—2012《民用建筑供暖通风与空气调节设计规范》的有关规定。

(2) 电气系统的设计应经济合理、高效节能；电气系统宜选用技术先进、成熟、可靠，损耗低，谐波发射量少，能效高及经济合理的节能产品；建筑设备监控系统的设置应符合 GB 50314—2015《智能建筑设计标准》的有关规定。

(3) 给水排水系统的节水设计应符合 GB 50015—2003《建筑给水排水设计规范》和 GB 50555—2010《民用建筑节水设计标准》有关规定。其中，卫生间的卫生器具和配件应符合 CJ/T 164—2014《节水型生活用水器具》的有关规定。

具体请参照执行《公共机构节能条例》(中华人民共和国国务院令第531号)、GB/T 50189—2015《公共建筑节能设计标准》及相关技术标准。

【标准条文】

> 4.3.3 在面向体育消费者所开展的广告、营销活动和服务提供过程中，不应存在损害或歧视特殊群体的现象，应在服务方面公平对待青少年、老年人、残疾人等健身群体。

【条文释义】

全民健身活动中心应能够做到公平对待所有健身人群，对特殊群体或弱势群体加以照顾，加大健身服务的优惠力度。在面向体育消费者所开展的广告、营销活动和服务提供过程中应能够鼓励特殊人群参加到全民健身行列。不应在服务提供过程中歧视弱势群体。要尽可能为特殊群体进入全民健身活动中心参加体育健身活动创造硬件设施与健身指导等方面的便利条件。

【标准条文】

> 4.3.4 宜在提供健身指导服务过程中，普及公众体育竞赛参与、观赛、装备使用规则、运动安全等方面知识，提高公众体育素养。

【条文释义】

在进行体育健身运动的过程中，可以在传授健身知识和技能的同时，通过有意识的教授和引导，培养人们的文明举止和规则意识，传播弘扬奥林匹克精神和中华体育精神。目前，我国群众的体育运动技能相对不高，运动技巧相对不足，健身安全防护知识结构相对不全面，体育观赛礼节、参与体育活动规则与方法认知度不足。

所以应通过举办体育赛事活动、健身服务指导和各种提示及 APP 等互联网手段推广普及相关知识。可在全民健身活动中心明显位置张贴场地和器械使用规则以及运动安全等方面的提示知识，在服务指导的过程中对消费者进行传授普及，也可通过举办专项活动，让消费者参与其中达到科普的目的。有条件的还可以通过 APP 等互联网手段进行知识普及。

以江苏省张家港市南丰镇全民健身活动中心为例，该全民健身活动中心在集社会事务办理、文化体育活动等便民功能于一体的同时，开设了健康安全科普馆，详尽介绍百姓生活工作中的安全隐患和问题，内容涉及食品安全、职业安全、交通安全、体育运动等温馨提示和图文展览（见图 2-4-10）。

a) 科普馆前台

b) 生命科学展厅

c) 科普馆内景

图 2-4-10 江苏省张家港市南丰镇全民健身活动中心健康安全科普馆

【标准条文】

> 4.3.5 所属房产出租、出借的，经营内容应当符合国家、当地的相关规定和场馆运营规划，不得出租、出借给存在社会负面影响、易损害体育场馆社会形象的经营业态。

【条文释义】

根据《体育场馆运营管理办法》第十九条规定："体育场馆所属房产出租、出借的，经营内容应当符合本办法规定和场馆运营规划，不得出租、出借给存在社会负面影响、易损害体育场馆社会形象的经营业态，且须符合国家和当地的相关规定。体育场馆主体部分因举办公益性活动或者大型文化活动等特殊情况临时出租的，时间单次一般不得超过10日；出租期间，不得进行改变功能的改造。租用期满应立即恢复原状，不得影响该场馆的功能、用途。"第二十六条规定："体育场馆运营单位利用国有资产对外投资、出租和出借的，应当从经济效益、经营业态、形象信誉、安全风险等方面进行必要的可行性论证，并按照国家和当地国有资产管理规定，根据资产总额的相应权限要求进行报批或备案。"

全国大部分全民健身活动中心是城市标志性健身场所，是体彩公益金资助项目，是利国利民的民生工程。在对外出租或委托运营时特别要通过协议、合同的形式，明确承租方使用的目的、经营功能等事项，通过协议和合同规避经营风险，引导承租方提供文明、健康的体育业态或相关配套服务业态，丰富公共场馆功能，促进全民健身活动中心形成体育综合体，树立良好的社会形象，推广健康的生活风尚。

五、管理要求

【标准条文】

> 5　管理要求
>
> 5.1　设施设备管理
>
> 5.1.1　体育设施、体育设备、体育器材的采购过程应执行国家有关法律法规，配置的各类体育设施设备、体育场所服务、体育器材应符合GB/T 34281等相应要求。
>
> 5.1.2　应配置设施设备管理和维护的专业部门或专业岗位，明确其岗位职责。
>
> 5.1.3　设施设备管理、维护和保养等活动应形成记录。
>
> 5.1.4　对于破损或损坏设备应及时维修更换，不能及时维修更换的应标明停用标识，警示消费者。
>
> 5.1.5　各种电器、机械设备应保持良好状态，随时启用。

【条文释义】

1. 全民健身活动中心体育场地应符合GB/T 34281—2017《全民健身活动中心分类配置要求》、GB/T 19995《天然材料体育场地使用要求及检验方法》系列标准、GB/T 20033《人工材料体育场地使用要求及检验方法》系列标准、GB/T 22517《体育场地使用要求及检验方法》系列标准的要求。高危险性体育场馆开放服务应符合GB 19079《体育场所开放条件与技术要求》系列标准。全民健身活动中心采购、使用、验收的体育器材应符合相应的国家标准和行业标准。
2. 全民健身活动中心应配置设施设备管理和维护专业部门或专业岗位，明确其岗位职责。通常设施设备管理和维修工作由全民健身活动中心工程部负责完成，亦可由全民健身活动中心与专业物业公司签订《物业管理服务合同》约定设施设备管理职责。设施设备的管理范围应至少包括供配电、给排水、冷暖空调、电梯、锅炉、通风空调、消防类、安防监控、楼宇自控、通讯、门禁、交通、燃气、水下监控、草坪自动浇灌、LED大屏幕显示、综合布线、软件开发运用、网络中心、应急供电、变频控制、体育场地等系统的运行和管理。

3. 设施设备管理、维护和保养等活动应形成记录，并做好存档。全民健身活动中心的设施设备管理通常采用以预防性维修为主，事后维修为辅的方式进行。管理、维护和保养的内容包括：日常运行、巡检、计划预修（日常维护保养、一级保养、二级保养、中修、大修、设备更新和技术改造）与状态维修、事后维修等。各类管理、维护和保养都应该明确做好记录，例如填写《设施设备运行记录表》《设施设备巡检及故障处理记录表》等工作记录。

   在健身器材设备方面，要高度重视健身器材的维护和保养工作。按照健身器材使用说明书中所要求的维护保养项目和保养时间频次要求，科学安排保养时间和内容，并将每次保养列入设备维护计划，落实到每个管理员、健身指导人员和服务人员的工作日程上。

4. 对于使用过程中发生破损或损坏的器材，在专业人员确认其无法正常使用的情况下，健身中心应及时妥善进行维修或更换。不能立即进行维修或更换的，应立即关闭该项目设施，并采取标明停用标识等方式提醒消费者注意，保障人身安全。

【标准条文】

> **5.2　人力资源管理**
>
> **5.2.1　人员管理要求**
>
> 5.2.1.1　应建立实施与服务内容相适应的人员管理制度。
>
> 5.2.1.2　应明确岗位设置、用人需求和岗位说明书，服务人员应具有本岗位的任职资格。

【条文释义】

1. 健全的人员管理制度应至少包含：员工行为规范、员工考勤管理、员工工作岗位职责、人事异动管理、奖惩制度、工资薪酬制度、员工培训、考核与发展制度、员工权益保护制度等方面。

2. 全民健身活动中心应明确岗位人员设置和岗位所需的任职资格。岗位说明书是表明企业期望员工做些什么、员工应该做些什么、应该怎么做和在什么样的情况下履行职责的总汇。岗位说明书应根据的全民健身活动中心岗位具体情况进行制定，在编制时，文字要简单明了，并使用浅显易懂的文字编写；内容要越具体越好，避免形式化、书面化。岗位说明书不是一成不变的，应随着工作的深入、全民健身活动中心的发展情况进行一定的修改、补充与删减。岗位说明书应至少包含岗位基本资料、岗位工作职责、岗位工作概述、岗位任职资格、岗位职位权限等内容。

   岗位说明书的制定旨在明确任职资格，明确工作职责，明确考核和汇报对象等信息。以安保人员为例，全民健身活动中心应当明确规定其任职条件包括以下要素但不限于此：

——身体健康，无遗传和传染性疾病，具备一定的语言表达能力；
——具备保安工作的基本知识，并经过专业岗位培训，持有相应岗位的上岗资质证；
——熟知物业相关管理规定和保安业务操作规程；
——熟练掌握消防器材、通信器材和相关防卫器械等技能；
——具备与岗位要求相符的观察、发现和处置问题的能力等；
——上岗前应到当地公安机关进行备案，无犯罪记录。

【标准条文】

5.2.1.3 依据服务管理等方面的要求，结合服务人员的能力状况，定期或不定期组织人员进行培训和进修活动，并对培训和进修的结果进行分析评价，做好记录。

5.2.1.4 应依据全民健身活动中心服务质量要求制定相应的人员绩效管理办法，并予以实施。

【条文释义】

1. 为提高员工素质，满足全民健身活动中心发展和员工发展需求，全民健身活动中心应定期组织员工培训，以提高员工知识水平、工作能力及能动性。培训内容可包括但不限于公司内部培训、外派培训、员工自我培训、岗位技能培训、消防救援培训（见图 2-5-1）等。员工培训可作为员工晋升、薪酬调整的依据。培训必须做好培训记录，记录和数据由人事行政部门统一收集、整理、存档。

   全民健身活动中心应当特别关注员工培训需求识别和具体岗位任职能力方面的需求识别，有针对性地制定不同岗位的培训大纲。例如，保洁岗位的培训内容应当包括但不限于此：

   ——作业方法、操作规范；
   ——不同材质清洁剂的选择和清洁注意事项；
   ——清洁工具的使用方法；
   ——清洁频次和质量要求；
   ——清洁作业、行为礼仪、安全教育等；
   ——服务意识、礼貌用语和服务守则等。

图 2-5-1 消防培训

2. 人员绩效管理是针对组织中每个职工所承担的工作，应用各种科学的定性和定量的方法，对职工行为的实际效果及其对企业的贡献或价值进行的考核和评价。人员绩效管理是对员工工作效率和工作计划的有效督促手段，有利于员工养成良好职业习惯，取得良好工作业绩。全民健身活动中心应本着公平、公正、公开及奖惩分明的原则，制定完备的人员绩效管理办法。以加强全民健身活动中心内部管理，全面评估员工的工作绩效，充分调动员工的工作积极性，提高工作效率，增强全民健身活动中心活力。

【标准条文】

> 5.2.2 服务人员要求
>
> 5.2.2.1 服务人员应具有所在岗位相应的业务知识和技能，并能熟练运用。应熟悉本岗位的服务规范、环境和安全等相关要求。

【条文释义】

服务人员应具有所在岗位相应的业务知识和技能，并能熟练运用。应熟悉本岗位的服务规范、环境和安全等相关要求。以保洁岗位的服务人员为例，应当熟悉保洁岗位的服务规范、环境要求和考评要求。这些内容包括但不限于：清洁工作计划表、清洁责任区域分工表、清洁服务检查标准、项目专项清洁内容、不同区域清洁服务基本质量要求、不同材料清洁服务基本质量要求、清洁工具摆放要求、专项体育设备器材保洁规范等。

【标准条文】

> 5.2.2.2 提供经营性体育健身服务的职业社会体育指导员、游泳救生员等核心岗位服务人员应持国家职业资格证书上岗工作。

【条文释义】

《中华人民共和国劳动法》第八章第六十九条规定："国家确定职业分类，对规定的职业制定职业技能标准，实行职业资格证书制度，由经过政府批准的考核鉴定机构负责对劳动者实施职业技能考核鉴定"。国家职业资格证书是本行业特有工种职业技能水平的凭证，是国家对劳动者专业（职业）学识、技术、能力的认可，是劳动者求职、任职、独立开业和单位录用的重要凭证，也是境外就业、劳务输出时法律公证的有效证件。

目前，主要开展的体育行业特有职业职业技能鉴定有"社会体育指导员"和"游泳救生员"。体育行业国家职业资格需经过国家体育总局职业技能鉴定指导中心统一安排职业技能鉴定，合格后由国家体育总局颁发资格证书。社会体育指导员和游泳救生员的国家职业资格等级划分见第三章术语和定义。

资格证书获取流程如下：

第 1 步，参加各省市指定培训机构举办的职业技能培训并合格；

第 2 步，培训后根据职业技能鉴定站确定的鉴定时间参加职业技能鉴定考试；

第 3 步，考核合格，到职业技能鉴定站领取国家职业资格证书。

鉴定考试可通过各省市职业技能鉴定中心报名或登录国家体育总局职业技能鉴定指导中心网站登录报(http://www.sportosta.org.cn/ost/homePageAction.do? method=init&ipflag=0)。

查询证书有效性，也可登录中华人民共和国人力资源和社会保障部国家职业资格证书全国联网查询(http://zscx.osta.org.cn/ #)(见图 2-5-2)。

图 2-5-2　中华人民共和国人力资源和社会保障部国家职业资格证书全国联网查询

【标准条文】

> 5.2.2.3　服务人员应统一配带工牌标识，且工牌标识应具备可识别性和可追溯性。
>
> 5.2.2.4　服务人员应仪容仪表大方、整洁，举止文明、姿态端庄、主动服务

【条文释义】

1. 服务人员统一规范着装、佩戴工牌可以反映员工的精神面貌和全民健身活动中心的整体风貌；可以便于全民健身活动中心识别和管理员工；可以在出现不合格服务行为的情况下，有效追溯责任人，追究责任。

2. 服务人员应注重以下礼仪：

(1) 仪容仪表规范

面部清洁，禁止奇形怪发，头发梳理整齐，统一着装，服装干净整洁。女士可化淡妆，无长甲。男士不留胡须，发型须露耳、露脖颈。

(2) 仪态礼仪

坐姿：要端正稳重，坐要轻缓，上身要直，腰部挺起，目光平视，面带微笑；

站姿：站立时身体要求端正、挺拔，两肩要平，放松，两眼自然平视，嘴微闭，面带笑容；

走姿：行走时身体重心可稍向前倾，昂首、挺胸、收腹，上体要正直，双目平视，嘴微闭，面露笑容，肩部放松，两臂自然下垂摆动；

(3) 服务态度

保持微笑，文明礼貌，用语规范，亲切自然。

【标准条文】

> **5.3 质量控制管理**
>
> 5.3.1 在满足相应法律、法规、国家和行业标准的情况下，满足顾客要求，确定所提供体育服务的服务特性，对于服务特性应满足的要求，应在服务承诺中予以明确阐述。

【条文释义】

全民健身活动中心作为提供服务的公共场馆，首先应明确以下几项问题：

(1) 本场馆的核心接触面有哪些，针对这些核心接触面有什么法律法规，顾客有什么要求；

(2) 核心接触面的服务特性是什么，针对服务特性的要求是什么；

(3) 针对上述两个问题，本场馆能对顾客的承诺是什么，如何定出这些承诺；

(4) 现行的服务承诺执行起来是否有难度，能否全部兑现；

(5) 对于顾客对承诺的反应是否有统计；

(6) 如何将承诺内容向员工和相关方传达；

(7) 若承诺未兑现，是否设置补救措施，补救措施有哪些。

注：服务承诺制定时一定要考虑该承诺是否符合场馆的实际能力，不要超过场馆的能力范围，以免出现服务承诺无法兑现的情况。

服务承诺应体现以下内容：

(1) 对服务资源数量或质量的承诺；

(2) 对等待时间、提供服务时间的承诺；

(3) 对安全、卫生、环保等方面的承诺；

(4) 对应答能力、方便程度、礼貌、舒适、技艺水平、信用和有效的沟通联络等方面的承诺；

(5) 核心接触面岗位服务的服务特性要求；

(6) 对特质服务或其他服务的承诺。

【标准条文】

> 5.3.2 服务承诺应通过会议、公示、发布或其他宣传形式，向员工、顾客和其他相关方传达。

【条文释义】

服务承诺的发布和宣传应准确、高效和多样化。

服务承诺对员工宣传的意义：服务承诺是明确服务目标，明确服务任务，控制服务标准的重要途径，对员工是一种鞭策、一种挑战、一种激励，这有助于增强服务人员的责任心和振奋他们的精神面貌。

服务承诺对顾客宣传的意义：服务承诺是一种信息反馈机制，为顾客提供评判服务质量是否合格的依据，便于顾客监督服务质量，最大限度地保证消费者的利益，提高顾客的忠诚度。

【标准条文】

> 5.3.3　应在卫生环境管理、设施设备操作、设备器材采购使用维修管理、服务人员工作标准及礼仪要求、投诉处理、顾客物品寄存管理、销售与会籍管理、安全保卫与消防管理等方面，制定工作程序或服务规范，并组织实施，通过程序实施落实服务承诺。

【条文释义】

全民健身活动中心应当制定并实施服务规范，服务规范的核心内容应当包括服务承诺和服务监督。全民健身活动中心应在卫生环境管理、设施设备操作、设备器材采购使用维修管理、服务人员工作标准及礼仪要求、投诉处理、顾客物品寄存管理、销售与会籍管理、安全保卫与消防管理等方面，制定服务程序和服务标准规范，并执行实施程序和标准规范。在此，编者以游泳场馆服务规范的涵盖内容和投诉处理制度的涵盖内容为例进行讲解。

1. 游泳场馆服务规范的涵盖内容

建议游泳场馆制定包括游泳场馆服务组织构架、人员任职和岗位职责制度、游泳池基础设施设备清单与各类设备使用维护标准、员工培训方案和流程、运动安全常识、救生器材安全使用和管理制度、游泳场馆应急事项处理预案、游泳馆对外开放管理制度（游泳馆须知、游泳馆管理规定、遗失物品管理规定等）、游泳馆开馆前准备工作内容要求及检查图示（检查流程、检查内容示例）、救生员巡场服务要求（路线、工作标准、工作位置）、游泳馆接待服务要求与程序（开馆期接待服务流程、普通接待服务标准、VIP 接待服务标准）、游泳池水质消毒处理要求等内容。

2. 全民健身活动中心投诉处理制度的涵盖内容

建议全民健身活动中心投诉处理制度包括接受投诉的渠道说明、调查投诉内容和责任部门的约定、投诉属实情况的调查处理方法与程序、传递投诉工作联系单、沟通客户意见、制定并实施解决方案、采取具体措施、客户回访、投诉处理结果反馈等内容和程序。

以上海长征镇全民健身活动中心运营管理提升方案后建立的投诉处理流程图为例（见图 2-5-3），将投诉分成三级处理机制。一级设在服务岗位、二级设在部门主管、三级为管理层领导。各级分别负责各自权限范围内的投诉事件。做到有投诉即时受理，迅速解决，使得客户投诉得到高效和圆满地解决。

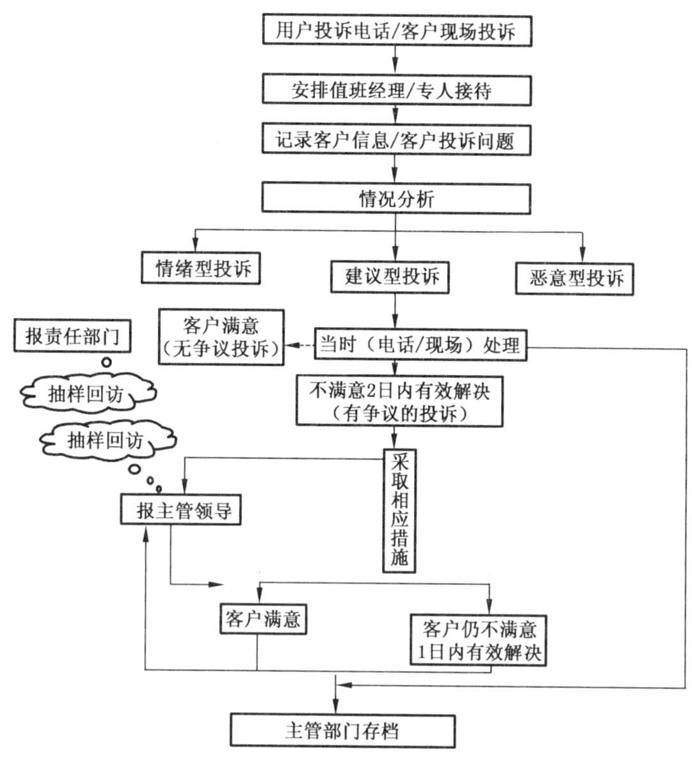

图 2-5-3　上海长征镇全民健身活动中心投诉处理流程图

【标准条文】

5.3.4　应落实国家法律、法规、国家和行业标准，对其进行持续性关注与查新，并就上述内容可能影响服务质量和服务标准规范的，及时做出响应。

5.3.5　应建立服务质量保持和持续改进机制，建立实施服务质量巡检巡查制度。对可能发生的服务不合格项，采取预防措施；对已经发生的服务不合格项，采取纠正措施，用以改进服务质量。

【条文释义】

1. 全民健身活动中心应关注相关国家法律、法规和标准动态，对影响服务质量和服务标准规范的相关内容，及时查新并对所更新的内容做出响应。例如，国家发布高危险性体育场所强制性国家标准，标准的修订产生了场地设施硬件条件的变化，全民健身活动中心密切关注政策、标准、信息的更新，并应当结合标准要求和资源情况，对照场馆现状进行自查，确定场地设施改造方案，进行场地设施的调整或改造，以满足强制性标准提出的安全要求。

2. 服务质量是指服务能够满足规定和潜在需求的特征和特性的总和，是组织为使目标顾客满意而提供的最低服务水平，也是组织保持这一预定服务水平的连贯程度。

   采取预防措施的目的：以消除潜在不合格的原因，防止不合格的发生，使顾客满意。

   采取纠正措施的目的：以消除不合格的原因，防止不合格的再度发生，确保顾客满意。

采取预防措施和纠正措施均要分析不合格的原因，均应与所发生的不合格的影响程度相适应。

为了发现不合格和潜在的不合格，提高服务质量，全民健身活动中心应当建立并实施服务巡检制度，持续改进服务。例如，全民健身活动中心的游泳馆应从卫生间检查、淋浴间检查、更衣室检查、场馆内器材检查、水质检测、水温检测、浸脚池和强制淋雨检查、保养水底清洁器、救生员试水等环节进行服务设施巡检，确保营业和开放的安全性和服务质量。又如，管理人员应当根据重点识别区域和保洁作业标准要求，对重点区域的卫生情况进行定时标准化的巡检，并形成记录，确保场馆卫生符合标准。

【标准条文】

> **5.4 安全管理**
>
> **5.4.1 消防和电气安全管理**
>
> **5.4.1.1** 消防设施配备应由具有职业资质的消防安全员管理，并定期检查其有效性。
>
> **5.4.1.2** 消防安全责任人和消防安全员应定期检查消防通道的畅通情况。

【条文释义】

1. 根据《机关、团体、企业、事业单位消防安全管理规定》(公安部令第 61 号公布)第三十八条规定“下列人员应当接受消防安全专门培训：

(1) 单位的消防安全责任人、消防安全管理人；

(2) 专、兼职消防管理人员；

(3) 消防控制室的值班、操作人员；

(4) 其他依照规定应当接受消防安全专门培训的人员。

前款规定中的第(3)项人员应当持证上岗。”

消防安全员培训一般由所在省、市或当地消防部门统一安排，培训考核合格后颁发证书(见图 2-5-4)。

报名考取建(构)筑物消防员证可登陆各省市消防行业特有工种职业技能鉴定站或各省市消防协会官方网站获取报名信息(见图 2-5-4)。

2. 《中华人民共和国消防法》第二十八条规定，“任何单位、个人不得损坏、挪用或者擅自拆除、停用消防设施、器材，不得埋压、圈占、遮挡消火栓或者占用防火间距，不得占用、堵塞、封闭疏散通道、安全出口、消防车通道。人员密集场所的门窗不得设置影响逃生和灭火救援的障碍物”。

《中华人民共和国消防法》第四十三条第二款第三项的规定，“营业性场所有下列行为之一的，责令限期改正；逾期不改正的，责令停产停业，可以并处罚款，并对其直接负责的主管人员和其他直接责任人员处罚款：……(三)不能保障疏散通道、安全出口畅通的。”可见，安全出口的畅通如果受到影响，消防机关可依据相关法律要求体育运动项目经营单位限期整改，如果没有整改，可以责令停止营业，并且同时给予处罚。

消防安全管理员工作职责《机关、团体、企业、事业单位消防安全管理规定》(公安部令第61号公布)第七条规定，消防安全管理人对单位的消防安全责任人负责，实施和组织落

图 2-5-4 中国消防协会网站

实下列消防安全管理工作：

(1) 拟订年度消防工作计划，组织实施日常消防安全管理工作；

(2) 组织制定消防安全制度和保障消防安全的操作规程并检查督促其落实；

(3) 拟订消防安全工作的资金投入和组织保障方案；

(4) 组织实施防火检查和火灾隐患整改工作；

(5) 组织实施对本单位消防设施、灭火器材和消防安全标志的维护保养，确保其完好有效，确保疏散通道和安全出口畅通；

(6) 组织管理专职消防队和义务消防队；

(7) 在员工中组织开展消防知识、技能的宣传教育和培训，组织灭火和应急疏散预案的实施和演练；

(8) 单位消防安全责任人委托的其他消防安全管理工作。

消防安全管理人应当定期向消防安全责任人报告消防安全情况，及时报告涉及消防安全的重大问题。未确定消防安全管理人的单位，前款规定的消防安全管理工作由单位消防安全责任人负责实施。

【标准条文】

5.4.1.3 电气设备应有具有电工特种作业操作证的专业人员进行管理和操作。

【条文释义】

根据《特种作业人员安全技术培训考核管理规定》第五条规定，特种作业人员必须经专门的安全技术培训并考核合格，取得《中华人民共和国特种作业操作证》后，方可上岗作业(见图 2-5-5)。

特种作业包含：

（1）矿产资源开采、危险化学品和其他危险物品生产岗位的特殊工种；

（2）食品、自来水、电、燃气等供应与服务岗位的特殊工种；

（3）交通运输与保障、公共设施建设与维护岗位的特殊工种；

（4）公共安全维护、公共财产安全保障岗位的特殊工种；

（5）特种装备制造、操作与维修岗位的特殊工种；

（6）人身健康服务岗位的特殊工种；

（7）法律、行政法规和国务院规定的其他涉及公共安全、人身健康、生命财产安全的特殊工种。

图 2-5-5　特种作业操作证

参加特种作业操作资格考试的人员，应当填写考试申请表，由申请人或者申请人的用人单位持学历证明或者培训机构出具的培训证明向申请人户籍所在地或者从业所在地的考核发证机关或其委托的单位提出申请。特种作业操作证由国家安全生产监督管理总局统一式样、标准及编号，有效期为 6 年，全国范围内有效。查询证书有效性，可登录特种作业操作证及安全生产知识和管理能力考核合格信息查询平台（http://cx.saws.org.cn/）进行查询（见图 2-5-6）。

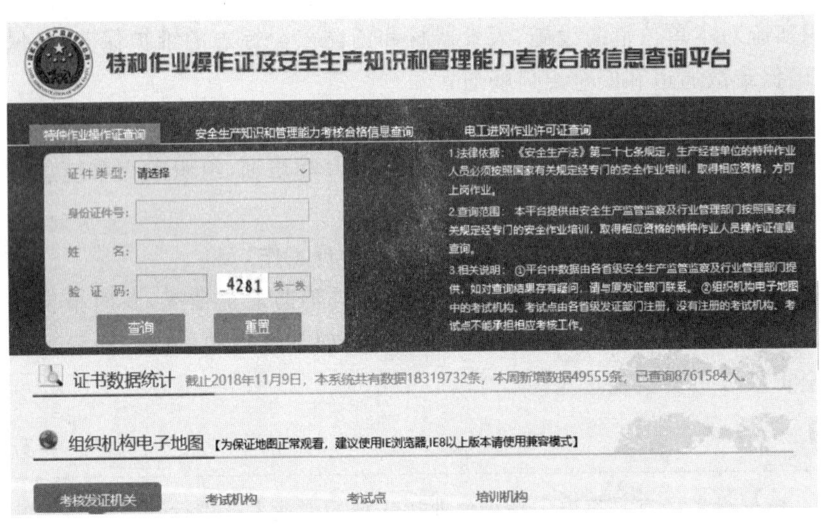

图 2-5-6　中国特种作业操作证查询平台

【标准条文】

> 5.4.1.4　应当采取有效防护措施，预防接、拉临时用电线路，电器设备应当安装漏电和过载保护装置。

【条文释义】

安装、维修或拆除临时用电线路，必须由专业电工完成。临时用电必须建立针对现场线路、设施的定期检查制度，并将检查、检验记录存档备查。临时用电线路应符合JGJ 46—2005《施工现场临时用电安全技术规范》相关要求，按规范架设整齐，架空线采用绝缘导线，不成束架空敷设，也不沿地面明敷设，电器设备应当安装漏电和过载保护装置。

【标准条文】

5.4.1.5 变配电室应配备高、低压作业工具和劳动防护用具、应急工具等，并保证工作人员按照工作制度安全操作。

【条文释义】

变配电室应当配备用电设备和配电线路平面分布图等安全技术资料，以及必要的作业工具和劳动防护用品，并在明显位置设置变配电系统操作模拟图板。一般劳动防护用品有：绝缘棒、绝缘毡、绝缘靴、绝缘手套等安全用具，还应备有消防器材、急救箱、事故照明式手电等。

【标准条文】

5.4.1.6 不应摆放与变配电室无关的物品，消防安全责任人和电气安全员应定期检查变配电室消防设备的完好程度。

【条文释义】

变配电室属于体育场馆存在运行风险的重点区域之一，管理不善情况下容易存在火灾隐患。造成火灾的其中一项原因就是漏电或其他原因点燃周围物品，所以变配电室不应该摆放其他无关的物品。变配电室的消防设备应该定期检查并做好安全记录。

此外，根据不同规模和防火设计要求的全民健身活动中心建筑物，其巡查的重点范围应包括消防供配电设施、火灾自动报警系统、电气火灾监控系统、可燃气体探测报警系统、消防供水设施、消防栓灭火系统、自动喷水灭火系统、泡沫灭火系统、气体灭火系统、防烟排烟系统等。

【标准条文】

5.4.2 应急预案和危险源评估管理

5.4.2.1 对突发事件紧急疏散、意外伤害事故处理、火灾事故、停电事故、电梯故障事故、溺水事故、公众打架斗殴事件、贵重财物丢失等事项制定应急预案，并组织演练。

5.4.2.2 应通过法律法规、技术标准、行业研究报告、事故经验报告、消费者投诉、数据库、媒体报道等形式，识别健身者在参与体育健身活动、使用体育设施设备中，在正常使用和可合理预见的误用过程中，可能对健身者、活动者带来的潜在危险（风险），并进行风险等级划分和逐项归因，采取预防措施和补救措施，直到其风险达到可容许水平。

【条文释义】

1. 全民健身活动中心运营单位应当完善安全管理制度，健全应急救护措施和突发公共事件预防预警及应急处置预案，定期开展安全检查、培训和演习。应急预案的制定和演练，有助于识别运营风险隐患、了解突发事件的发生机理；有助于对突发事件及时做出响应和处置。有助于明确应急救援的范围和体系，使突发事件应对处置的各个环节有章可循；有助于避免突发事件扩大或升级，最大限度地减少突发事件造成的损失。
2. 运动安全保障是促进全民健身和健康中国发展的重要条件。全民健身活动中心应当从各方面和渠道总结经验、吸取教训、改正不足，提前预防群众在运动健身过程中可能发生的潜在危险（风险），并尽快消除危险（风险）源。

(1) 潜在风险

① 运动损伤：在体育运动中可能出现一些运动损伤、运动性疾病或诱发慢性疾病复发，表现有休克、昏厥、出血、心跳及呼吸骤停等。常见的运动损伤有：指关节扭伤、肩滑囊炎、网球肘、髋部滑囊炎；股四头肌劳损；骨膜炎、跟腱炎、踝扭伤、足弓扭伤等。

② 有害物质：场地器材含有铅、镉、多环芳烃等有毒有害物质。

③ 场地器材：损坏、老化、使用不当。

④ 电气安全：线路老化、操作不当。

(2)识别渠道

对正常使用和可合理预见的操作情况进行分析，是为了分析使用人员、器材和环境的相互关系，从而为识别危险（风险）做好准备。全民健身活动中心应通过关注相关法律法规、技术标准、行业研究报告、事故经验报告、消费者投诉、数据库、媒体报道等内容，识别潜在危险（风险），并对每种危险（风险）状态进行评价分析。例如：国家发布的与体育场所安全方面相关的法律法规、GB 19079（所有部分）《体育场所开放条件和技术要求》、溺水事故报告等。

(3) 等级划分

危险（风险）的等级应依据伤害发生的可能性和伤害发生的程度进行划分，可划分为严重危险（风险）、中等危险（风险）、低危险（风险）和可容许危险（风险）四个等级。

全民健身活动中心可参考 GB/T 22760—2008《消费品安全风险评估通则》的相关要求进行风险等级划分，可参考 GB/T 28803—2012《消费品安全风险管理导则》的相关要求进行风险管理。

(4) 预防及补救措施

预防措施：采取措施以消除潜在风险的原因，消除或控制风险在可容许水平内。

补救措施：为消除已发生的风险或其他不期望情况的后果所采取的措施。

全民健身活动中心可在运动热身提示、运动安全提示、教学指导帮助、器材巡查检修、事故原因评估、不合格服务补救等方面做好策划，实施既定方案，采取预防措施和补救措施，直到其风险达到可容许水平。

【标准条文】

5.4.3 开放使用安全管理

5.4.3.1 每天在对外开放前,应对体育场地及器材设施进行安全检查,非开放时间应安排专职的值班人员。

【条文释义】

每日对外开放前的安全检查涉及各种安全生产因素,所有重要设施都应作为被检查对象,确保各种设施运转良好,保证场馆运营安全。检查应当包含:应急照明设施是否正常、消防通道及出口是否通畅、消防设施配备是否符合要求、消防监控室运转是否正常、变配电室的运转及管理是否符合要求、电视监控设备及电源线路是否正常,体育设施、器材、场地能否正常使用等。

全民健身活动中心游泳馆应从卫生间检查、淋浴间检查、更衣室检查、场馆内器材检查、水质检测、水温检测、浸脚池和强制喷淋设施检查、保养水底清洁器、救生员试水等环节进行开放前的服务设施巡检。特别重视对救生员座椅数量和位置、救生器材(救生圈、救生绳、救生杆)的数量和位置,以及是否配有"救生物资,请勿取用"等信息提示的确认检查工作。

非开放时间应安排专职人员值班,值班人员的基本工作职责包括但不限于以下方面:

(1) 预防灾害、盗窃、蓄意破坏等危险事项;

(2) 检查馆内各场地使用情况,水、电、暖运转情况;

(3) 负责消防设备、器材的检查和消防安全工作,发现隐患及时处置并上报全民健身活动中心负责人。

【标准条文】

5.4.3.2 体育场地实际容纳的锻炼者人数不应超过最大容纳人数,当接近最大容纳人数或高峰期人员相对聚集时,应采取有效的控制和疏散措施,确保安全。

【条文释义】

全民健身活动中心应制定相应的客流限流制度,防止锻炼高峰时段人员拥挤或发生踩踏事故。特别是游泳场所、滑雪场所等高危险性体育场所更应当重视客流统计和管控措施的执行。

可采取的限流措施有:

(1) 采取场地预定制。将场地使用信息通过网站、APP客户端或微信公众号公开发布,消费者能根据公开的场地使用情况预约选择健身时间和场地,避免场地产生拥挤状况(见图2-5-7)。

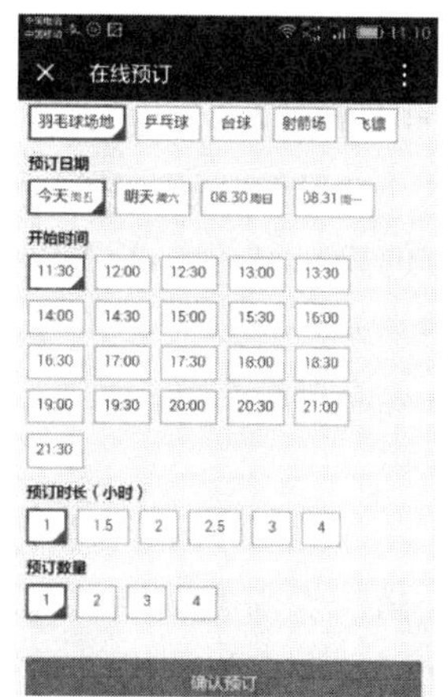

图2-5-7 微信智能预约系统

(2) 做好引导和指示。若健身人员即将达到场地饱和状态,应设专人专岗在场馆出入口引导健身人员出入并通过公共广播等形式做好安全提示。

(3) 大型活动做好流线管理。举办大型活动时应事先做好人群流线设计,控制人群的行进方向,最好采取单向进出。单向行进不仅可以使人群的行进速度不受其他人群的影响,而且一旦发生紧急情况更容易疏散救援。活动举办地点在空旷区域时,需用路障进行分割,避免线路交叉,尽量避免人群互冲拥挤造成事故发生。

【标准条文】

5.4.3.3 最大容纳人数应按下列规定计算,且应采取必要的管理措施严格执行:

——滑冰、轮滑项目人均运动面积,应不小于 5 m^2;

——人工游泳馆人均水域面积应不小于 2.5 m^2,天然游泳场应不小于 4 m^2;

——室内滑雪、滑板项目人均运动面积,应不小于 20 m^2。

——其它室内运动项目人均运动面积,应不小于 4 m^2;

【条文释义】

最大容纳人数参考《北京市体育运动项目经营单位安全生产规定》,并经调研论证确定条款要求。一般来讲,营业区域内实际容纳的消费者人数不得超过最大容纳人数。规定最大容纳人数并进行客流管理,旨在满足体育健身人员的舒适度和全民健身活动中心的安全饱和度,提升运动质量,确保人身安全。

全民健身活动中心应当在接近最大容纳人数或高峰期人员相对聚集时,采取有效的控制和疏散措施,确保安全。全民健身活动中心应对健身客流数量进行严格统计,可参考景区限流模式,使用智能化方式进行监管。

【标准条文】

5.4.3.4 举行 1 000 人以上大型活动时,全民健身活动中心应与举办方及相关方签订安全协议书,明确各自的安全管理职责。大型活动的组织管理应符合国家《大型群众性活动安全管理条例》等法律法规。

【条文释义】

全民健身活动中心举办大型活动时,签订安全协议书尤为重要。安全协议书需规定双方的权利和义务,损失赔偿和争议解决方式。安全协议书既要规定全民健身活动中心与活动举办方双方负责事项,又能够区分双方所要承担的安全管理责任。可以说,安全协议书既是全民健身活动中心对活动举办方负责的表现,也是对全民健身活动中心自身权益的保障。

2007 年,国务院颁布的《大型群众性活动安全管理条例》中所指的大型群众性活动,是指法人或者其他组织面向社会公众举办的每场次预计参加人数达到 1000 人以上的活动。主要有以下五类活动:体育比赛活动;演唱会、音乐会等文艺演出活动;展览、展销等活动;游园、灯会、庙会、花会、焰火晚会等活动;人才招聘会、现场开奖的彩票销售等活动。这五类活动的开展必须严格执行《大型群众性活动安全管理条例》,实行安全许可

制度。

【标准条文】

> 5.4.3.5 应有覆盖全部区域的应急广播系统，并配置专人值守。

【条文释义】

全民健身活动中心所有区域应该全部安装应急广播系统。应急广播应至少包括中文和英文两种语言播报，语言种类可在这两种语言之外增加，但不能减少或变更。

【标准条文】

> 5.4.3.6 在开放期间如进行装修、维修、改造等施工，施工区应与开放区隔离，并采取安全措施，确保开放区域安全。全民健身活动中心应与施工单位签订专门的安全管理协议，明确安全责任。

【条文释义】

本条规定在开放期间如进行装修、维修、改造等施工，施工区应与开放区隔离，并采取安全措施，确保施工安全。这里所指的安全措施包括：

(1) 应在场馆明显处张贴施工公告，并附有安全提示。有条件的场馆应在互联网、手机客户端或微信公众号发布施工公告信息，提示健身人群。

(2) 若施工场地在运动场地内，应在安全距离设置隔离带将施工区与活动区隔离开，并有工作人员巡检，提醒消费者远离施工区域。

全民健身活动中心应当与施工单位签订安全管理协议，明确各自管理范围内的安全责任，确保安全施工。

【标准条文】

> **5.4.4 医务救助管理**
>
> 5.4.4.1 应明确公布应急救助情况下的紧急联系人和紧急使用通讯电话，且保持电话畅通。
>
> 5.4.4.2 对心肺复苏等常用医务应急救助技能，应派员参加中国红十字会等组织的专业培训，保证有专人掌握一定专业急救技能。
>
> 5.4.4.3 有条件的，可配置专业医务人员进行紧急义务救助服务。
>
> 5.4.4.4 游泳和水上运动项目应配备水上救生器材及相应的游泳救生员。

【条文释义】

1. 急救功能用房的房间必须设置电话且电话号码明确在场馆内公布，且保持有人值守、电话畅通(见图 2-5-8)。

2. 建议全民健身活动中心对员工普及基本公共急救知识和技能，保证受伤的健身群众能够第一时间得到急救。所有全民健身活动中心负责急救的专人必须熟练掌握心肺复苏和止血、包扎、固定、搬运四项基本技术，以及常见病症的急救处理等公共急救知识和技能。

   中国红十字会等组织的专业培训可登陆中国红十字会官方网站（http://www.redcross.org.cn/hhzh/zh/sy/）（见图 2-5-9）、各地区红十字会官方网站或各地区急救中心网站获取救助培训相关信息。

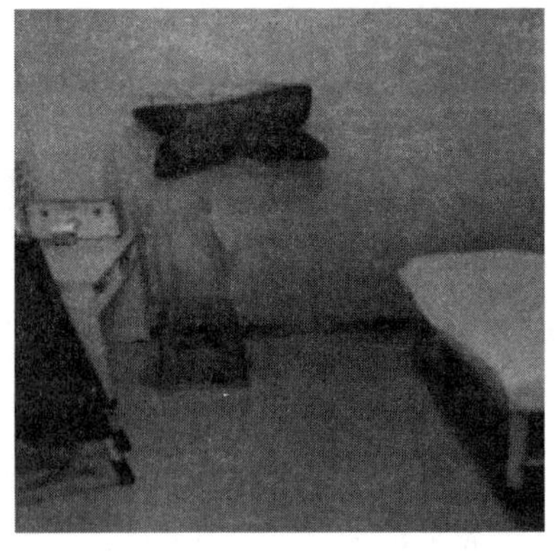

图 2-5-8　急救功能用房

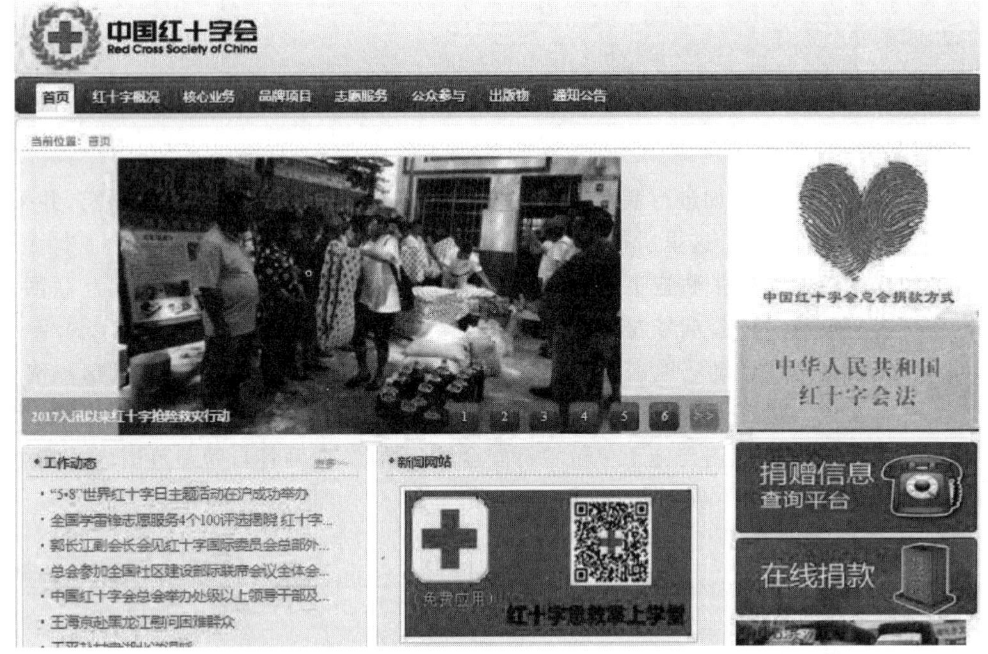

图 2-5-9　中国红十字会官方网站

3. 有条件的场馆，可配置专业医务人员。但对于医务救助管理和实施，建议不应局限于医疗人员的职责范畴。由于健身人员缺乏急救知识，自救和互救能力较低，常常会错过最佳的急救时间，因此还应加强对教练员、社会体育指导员和健身者自身的急救知识普及。

   例如，可以采用显示屏滚屏播放救生知识和健身安全知识的方式普及知识。

4. 游泳池配置的救生器械主要有：救生椅、救生圈、救生钩、救生杆、救生衣和救生绳等。根据GB 19079.1—2003《体育场所开放条件与技术要求　第 1 部分：游泳场所》对游泳救生员数量的规定，“水面面积在 250 m^2 及以下的游泳池，应至少配备游泳救生员3 人；水面面积在 250 m^2 以上的游泳池，应按面积每增加 250 m^2 及以内增加 1 人的比例，配备游泳救生员。”

【标准条文】

5.5 内外部沟通管理

5.5.1 内部沟通管理

5.5.1.1 全民健身活动中心内部工作人员应掌握与服务管理制度、服务承诺、服务质量、服务标准规范、服务对象有关的详细信息。

5.5.1.2 应建立培训、会议、研讨、交流、学习、岗位轮换等工作机制，加强内部工作人员的沟通，分享服务工作经验和技能。

【条文释义】

1. 内部沟通包含两层意义：

(1) 第一层意义是全民健身活动中心将信息对员工给予公开，做到内部信息充分流动和共享，这些信息包括：

① 组织对于顾客承诺；

② 规范的目标；

③ 规范实施人员相关的责任；

④ 由谁沟通及如何沟通交流这些信息；

⑤ 对于规范条款的解释；

⑥ 如何进行投诉的信息。

(2) 第二层意义是指全民健身活动中心内部所有工作人员之间的交流、沟通，这些交流包括：

① 员工之间、部门之间的平级交流；

② 员工与上级之间的交流；

③ 上级与员工之间的交流。

2. 内部沟通的形式有很多，可分为正式沟通方式和非正式沟通方式。

(1) 正式沟通方式：

① 会议。包括管理者例会、部门或项目例会、全员年会、跨部门或部门内业务专项讨论会、定期的员工沟通会等。

② 报告。包括年、季、月、周的工作计划与总结、各项工作报表(年、季、月、周、天的业绩结果工作报表)、各项工作记录(用于工作分析或知识积累)等。

③ 调查。包括客户满意度调查、市场调查、员工满意度调查等，用于了解需求，分析不足。

④ 培训。包括新员工培训、领导者及管理者培训、专业培训、通用技能培训等，多以体验式、课堂式、交流研讨会、读书会等形式，须注重培训效果的巩固与应用。

⑤ 面谈。包括管理者与员工进行的一对一、一对多、或多对多的面谈沟通，有效征求员工意见，反馈绩效信息，激励员工行为等。

⑥ 书面交流。通过管理流程制度文件发布、公司及部门文档管理、邮件系统、内部网络、刊物、展板、纸质文件批复等多种形式，建立信息共享机制，提高制度知悉度，加强知识积累，提升企业管理效率。

(2) 非正式沟通方式：

① 旅游和团建活动。通过组织团队旅游或团建活动的方式，促进员工亲情及和谐关系，提高团队合作的效率。

② 节日活动。通过节日文艺活动，宣传全民健身活动中心组织文化、增进员工团队凝聚力。

内部沟通能确保组织各部门、各层次之间信息得到交流，加强配合，促进组织质量管理体系的有效性，形成和谐有序、团结奋进的内部环境，提高工作效率，促进组织企业文化建设，实现组织工作目标。

【标准条文】

> **5.5.2　外部沟通管理**
>
> 5.5.2.1　应设置专业部门或专业岗位负责与顾客进行外部沟通，了解顾客对服务质量的感受和认知，收集顾客各方面反馈意见。
>
> 5.5.2.2　应对外公布顾客意见反馈或投诉处理的联系方式。
>
> 5.5.2.3　应妥善记录顾客投诉和申诉意见，并按照程序和事件类别进行分层处理，并将处理结果告知顾客，就投诉和申诉意见的解决或落实情况再次进行回访调查。
>
> 5.5.2.4　应建立顾客满意度收集、分析的程序和方法，以顾客满意度作为服务管理的量化指标，对核心接触面岗位进行考核，并就存在的问题和不足之处加以改进。

【条文释义】

1. 外部沟通的作用：使顾客和相关方便捷地得到组织的规范服务和辅助信息，体育场所与顾客和相关方建立良好的互动关系，并加以保持和改进，为达到组织的目标创造良好的外部环境。

沟通是服务工作的重要内容，尤其是场馆与外部的沟通，特别是与顾客的沟通，更是构成了服务质量判断的重要标志。外部沟通工作涉及整个场馆服务，沟通的内容不尽相同，方式也不一样，重要程度也有差别。故应设置与顾客沟通的专门部门或岗位，收集顾客对场馆服务提出的建议，及时解决顾客在场馆服务中遇到的问题。

2. 对外公布反馈意见和投诉处理方式是与顾客良好沟通的方式之一。及时解决顾客的意见和建议有助于改进服务质量，为顾客提供更加优质的服务。全民健身活动中心应对外公布顾客意见反馈或投诉方式，其中可包括网站公布、手机客户端公布、接待大厅明显位置公布等。

3. 对于顾客的投诉意见，场馆应妥善处理，认真做好投诉意见记录，并根据情节轻重对意见进行处理，若确实为场馆服务给顾客带来不便，场馆应立即采取纠正措施及规定整改完成时间，将意见处理情况回馈顾客并向顾客道歉，按时完成整改，改进服务质量。若是顾客自己的责任或其他顾客造成，场馆应以友好的态度与顾客进行沟通，把责任情况解释清楚，直至顾客理解。

对于已经完成整改的意见，场馆应做到以下两点：

(1) 内部沟通。将意见传达给场馆所有服务人员，杜绝再有此类问题发生。

(2) 回访调查。调查该整改是否已实际实施，避免口头整改的现象发生。

4. 顾客满意度测评的作用：

顾客满意度测评可以为全民健身活动中心持续改进提供依据，可以帮助全民健身活动中心了解顾客对自身产品、服务的评价，并提供全民健身活动中心同产品、同服务与竞争者产品、服务的比较数据，通过这种比较，全民健身活动中心可以找出不足，有针对性地加以改进和提高。同时，为顾客提供一个反映感受的通道，使顾客和全民健身活动中心能达到双向的交流。

顾客满意度测评管理可参考以下标准：

GB/T 19039—2009《顾客满意测评通则》；

GB/T 19038—2009《顾客满意测评模型和方法指南》；

GB/T 19013—2009《质量管理　顾客满意　组织解决外部争议指南》；

GB/T 19010—2009《质量管理　顾客满意　组织行为规范指南》；

GB/T 19012—2008《质量管理　顾客满意　组织处理投诉指南》；

ISO/TS 10004《质量管理　顾客满意度监控和测量指南》。

顾客满意度测评是反应场馆服务质量和服务保证能力的程度，顾客满意度能反映出以下两个方面：

(1) 顾客对场馆服务整体的满意程度。有利于提高公众参与服务监督的意识与能力，培养公众责任和风险意识，赢得顾客对场馆公共服务的认可。

(2) 发现场馆服务存在的薄弱环节与服务缺陷。通过对服务缺陷的改正，加强场馆服务意识，提高服务水平。

全民健身活动中心可采用发放满意度调查表等方式收集顾客满意度并加以分析。进行人员考核时，应将顾客满意度作为管理服务的量化指标，对核心接触面岗位进行考核。核心接触面人员应及时发现存在问题、改善不足。

【标准条文】

5.5.3　售后服务管理

5.5.3.1　应按照响应性、时效性、便捷性原则，提供包括健身卡票或主要零售体育产品的售后服务。

5.5.3.2　售后服务的内容应至少包括咨询、投诉、使用、退换货等内容。

5.5.3.3　可通过现场服务、电话服务、短信服务、信函服务等各种方式提供售后服务，并应对外公布售后服务的具体方式。

5.5.3.4　应按照实际业务量匹配相应的售后服务专岗人员，并进行专业知识、业务技能与职业素养等方面培训。

5.5.3.5　应采取有效信息安全技术手段和保密措施，确保售后服务提供者不可在服务实施之外使用、传播顾客个人信息。

5.5.3.6　对需要付费提供的售后服务项目，应在合同签订前，充分告知消费者。

【条文释义】

1. 售后服务是一种服务承诺，是维护消费者权益的保障。优质的售后服务能够增强顾客对产品(服务)的信誉度与好感度,增强顾客购买信心,是巩固老顾客培养新顾客的重要手段。

全民健身活动中心应对购买健身卡或零售产品的顾客提供健全的售后服务,使顾客能够安心消费。能否及时响应顾客,及时解决问题,让顾客方便快捷地使用产品(服务),直接影响顾客对产品和服务的满意程度和忠诚程度。

2. 售后服务的内容应至少包括咨询、投诉、使用、退换货等环节。

咨询:应至少包含当面咨询、电话咨询两种,有条件的场馆建议设置网络咨询(如微信咨询等方式)。负责咨询人员必须熟知销售产品(服务)的详细信息,能够思路清晰地回答出顾客咨询的问题。

投诉:售后投诉可与场馆投诉合并,也可以单独设置。售后投诉流程与场馆投诉相差无几。应当做到投诉记录、及时处理、按时改正、反馈顾客等工作环节。

使用:售后应包括指导使用人员正确地使用销售产品(服务)。在使用过程中如出现问题,应及时给予解答和回应。

退换货:全民健身活动中心有关产品(服务)的出售行为应遵守国家三包政策。

3. 为了便于顾客享有售后服务的权利,全民健身活动中心必须将售后服务方式对外公布。售后服务方式可多种多样,不局限于现场服务、电话服务、短信服务、信函服务等,有条件的还可设置微信和 APP 售后服务。

4. 如果全民健身活动中心实际业务量较大,售后服务人员必须专人专岗,并具备专业知识和业务技能。对于零售的健身产品,售后服务专岗人员应能指导使用者正确的使用,避免误用健身器材造成损伤。售后服务人员需有较好的职业素养,爱岗敬业,遵守全民健身活动中心的售后规章制度。

5. 售后服务的过程往往能够得到顾客的姓名、手机号、网络聊天账号、家庭住址等个人信息。全民健身活动中心应加强顾客个人信息管理,不得以任何原因公布或传播顾客的个人信息。

6. 售后服务付费项目应透明化,顾客购买前应提前告知,按需购买。“不告知收费”会侵害消费者的知情权、选择权和公平交易权,易引起纠纷。若未提前通知,全民健身活动中心应当接受顾客的退换货要求。

【标准条文】

5.6　财务、采购与合同管理

5.6.1　应将运营经费纳入预算管理,健全财务管理制度和体系,规范预算管理、收支管理和专项资金使用。

5.6.2　应加强客户合同管理,规范合同签订、履行、变更和终止,相关协议涉及本标准明确规定沟通、价格、售后服务、服务内容等事项的,需在合同中约定。

5.6.3　应加强对外租赁合同履行监管,及时制止擅自变更经营业态、擅自转租等行为,必要时按法定程序中止或解除合同。应根据外包服务的项目运行合同,明确服务外包委托方和受托方的权利和义务,建立外包服务质量控制程序并予以实施。

【条文释义】

1. 预算管理是利用预算对全民健身活动中心内部各部门、各单位的各种财务及非财务资源进行分配、考核、控制，以便有效地组织和协调全民健身活动中心的生产经营活动，完成既定的经营目标。

预算管理既可以制定短期计划，也可制定长期计划。

短期计划即年度计划，是对场馆未来一年规划的预算。通过对上一年场馆工作的总结，场馆最高领导者对下一年工作内容、时间安排、资金配置、服务目标等内容统筹计划，通过预算监控场馆运营情况。实际运营过程中，偏离预算的情况一旦发生，全民健身活动中心可根据实际情况采取必要的措施加以改进，使其回到正轨。

长期计划就是场馆的愿景或战略规划。首先明确场馆的优劣势，通过对场馆的发展定位和市场环境分析，预测风险、控制风险、防范风险，寻找场馆发展机会。

预算管理有利于控制成本。预算管理中包含场馆资金收入、支出的管理，合理使用资金，科学控制成本开支，使全年经营按任务计划完成、按预期发生费用、按目标顺利完成，从而保障利益最大化。

预算管理有利于内部沟通协调，激励员工。预算管理强调场馆全员参与，各部门协商沟通、互相配合、努力工作，以达到计划目标。通过绩效系统将预算管理与部门、员工联结起来。通过实际执行结果与预算之差进行分析，可以评价相关人员及部门的工作业绩。

预算管理有利于完善场馆基础管理。编制年度计划时，在保证原管理计划的基础上适当加大弱势项目人力资源、物力管理资源，加强全面管理。

2. 与客户定制合同时需要遵守《中华人民共和国合同法》的规定。凡是涉及本标准提到的安全要求、质量要求、风险管控要求时，合同中必须有所约定。

3. 根据《中华人民共和国合同法》第二百二十四条规定，“承租人经出租人同意，可以将租赁物转租给第三人。承租人转租的，承租人与出租人之间的租赁合同继续有效，第三人对租赁物造成损失的，承租人应当赔偿损失。承租人未经出租人同意转租的，出租人可以解除合同。”由于被转租者不清楚出租人与租赁人合同内容，很有可能做出违反合同的事情。所以全民健身活动中心要加强对外租赁的监管力度，禁止租赁者转租他人。租赁合同中应加入一项条款：“若承租人出现转租行为，应告知出租人并经出租人同意后方可转租。私自转租，出租人有权解除合同。”

对于外包服务合同内容应包括但不限于以下内容：

（1）外包的服务范围；

（2）服务质量标准和服务质量最低要求，用于衡量外包服务的标准；

（3）对外包服务人员的要求，年龄、性别、工作经验等；

（4）外包服务人员基本规范，作息时间、纪律等；

（5）外包期限；

（6）合同各方责任与义务；

（7）违约事宜；

（8）外包服务检查制度。

六、检验评价方法

【标准条文】

6 检验评价方法

6.1 第4章要求的检验评价方法按照表1执行。

表1 服务要求检验评价方法

<table>
<tr><th>主控指标</th><th>分项</th><th>条款号</th><th>检验评价方法</th><th>合格判定</th><th>事实描述</th></tr>
<tr><td rowspan="7">4.1
对外开放</td><td rowspan="2">开放时间</td><td>4.1.1</td><td rowspan="2">查看公告公示牌、会籍卡说明、交接班记录或顾客问访</td><td></td><td></td></tr>
<tr><td>4.1.2</td><td></td><td></td></tr>
<tr><td>停开公示</td><td>4.1.3</td><td>查看公告公示牌、交接班记录或顾客问访</td><td></td><td></td></tr>
<tr><td rowspan="4">开放价格和优惠</td><td>4.1.4</td><td rowspan="4">查看公告公示牌、收费公示、会员合同协议、收费票据票证或顾客问访</td><td></td><td></td></tr>
<tr><td>4.1.5</td><td></td><td></td></tr>
<tr><td>4.1.6</td><td></td><td></td></tr>
<tr><td>4.1.7</td><td></td><td></td></tr>
<tr><td rowspan="7">4.2
公共服务</td><td>服务类型</td><td>4.2.1</td><td>查阅书证、照片及服务合同、管理程序和记录</td><td></td><td></td></tr>
<tr><td>责任保险</td><td>4.2.2</td><td>查阅保险投保协议等书证</td><td></td><td></td></tr>
<tr><td>配套服务</td><td>4.2.3</td><td>现场查看配套服务设施</td><td></td><td></td></tr>
<tr><td>服务公示</td><td>4.2.4</td><td>现场查看</td><td></td><td></td></tr>
<tr><td>体质监测</td><td>4.2.5</td><td>查看体测设施及服务记录报告等或体验服务</td><td></td><td></td></tr>
<tr><td>体育组织</td><td>4.2.6</td><td>现场查看办公情况，查阅体育组织服务协议</td><td></td><td></td></tr>
<tr><td>赛事活动</td><td>4.2.7</td><td>查阅书证、照片及活动记录</td><td></td><td></td></tr>
<tr><td rowspan="5">4.3
社会责任</td><td>总要求</td><td>4.3.1</td><td>现场查看执行有关法律法规的情况</td><td></td><td></td></tr>
<tr><td>节能要求</td><td>4.3.2</td><td>现场查看有关节能设备验收标准和使用情况</td><td></td><td></td></tr>
<tr><td>无歧视原则</td><td>4.3.3</td><td>查看无障碍设施及特殊人群保护帮助措施</td><td></td><td></td></tr>
<tr><td>理念普及</td><td>4.3.4</td><td>查看提升公众体育素养的举措与活动记录</td><td></td><td></td></tr>
<tr><td>临时改造</td><td>4.3.5</td><td>查看临时活动举办协议和改造建筑范围</td><td></td><td></td></tr>
</table>

【条文释义】

表1为全民健身活动中心服务要求检验评价模板，提供了服务要求的检验评价方法，场馆可以此表为基础制定全民健身活动中心服务要求检验评价表。

建议可在检验评价中加入判定规则，对不合格项的严重程度进行区分，分为一般不符合项和严重不符合项，并分别对检验评价内容中的一般不符合项、严重不符合项进行详细阐述，并明确整改期限。

【标准条文】

6.2 第5章要求的检验评价方法按照表2执行。

表2 管理要求检验评价方法

主控指标	分项	条款号	检验评价方法	合格判定	事实描述
5.1 设施设备管理	配置合标	5.1.1	查看采购合同、验收记录和检测认证证书报告		
	设备岗位	5.1.2	查看岗位职责策划,询问岗位人员		
	设备养护	5.1.3	查看耗材采购和具体养护维修记录		
	停用标识	5.1.4	查看具体停用标识和以往记录		
	电器机械	5.1.5	查看主要电器机械设备的使用状态		
5.2 人力资源管理	人员管理要求	5.2.1.1	查阅程序文件的策划合理性与可行性		
		5.2.1.2	查阅文件与随机问询		
		5.2.1.3	查阅培训记录和培训效果评价记录		
		5.2.1.4	查阅关键岗位绩效管理办法,问访实施情况		
	服务人员要求	5.2.2.1	现场抽查关键岗位服务人员服务技能和素养		
		5.2.2.2	查看有关职业资格证书		
		5.2.2.3	现场查看员工标识工牌		
		5.2.2.4	神秘顾客考察服务人员服务举止		
5.3 质量控制管理	识别需求明确承诺	5.3.1	现场查看执行有关法律法规的情况		
	公布承诺广泛传达	5.3.2	现场查看有关节能设备验收标准和使用情况		
	制定实施程序规范	5.3.3	查看无障碍设施及特殊人群保护帮助措施		
	识别新政响应服务	5.3.4	查看提升公众体育素养的举措与活动记录		
	巡检巡查持续改进	5.3.5	查看退役运动员就业吸纳或继续教育服务情况		
5.4 安全管理	消防和电气安全管理	5.4.1.1	查看消防设备摆放及完好程度和质保期		
		5.4.1.2	查看体育器材的摆放是否占用消防通道		
		5.4.1.3	查看电气设备操作人员的电工特种作业操作证		
		5.4.1.4	查看电器设备过载保护装置		
		5.4.1.5	查看变配电室人员工作操作程序和工作制度		
		5.4.1.6	查看变配电室的消防设备配备情况		

表 2（续）

主控指标	分项	条款号	检验评价方法	合格判定	事实描述
5.4 安全管理	应急预案和危险源评估	5.4.2.1	查看应急预案策划文件和演练记录		
		5.4.2.2	查看危险源评估过程、记录和采取的相关措施		
	开放使用安全管理	5.4.3.1	查看安全检查记录和专员工作状态		
		5.4.3.2	询问有效控制人数和疏散的措施		
		5.4.3.3			
		5.4.3.4	查看大型活动组织协议或安全责任协议		
		5.4.3.5	查看使用广播系统，检查设施设备锁起情况		
		5.4.3.6	查看有关协议		
	医务救助管理	5.4.4.1	试验拨打紧急求助联系人的联系方式		
		5.4.4.2	查看红十字会培训证书		
		5.4.4.3	查看专业医务人员从业资格证书		
		5.4.4.4	查看游泳项目救生设备及人员证书		
5.5 内外部沟通管理	内部沟通管理	5.5.1.1	查看服务管理文件的发放和宣贯记录		
		5.5.1.2	查看人员内部沟通、会议、学习的记录		
	外部沟通管理	5.5.2.1	查看客服部门和岗位设置和人员配备		
		5.5.2.2	查看客服联系方式的公布情况		
		5.5.2.3	查看投诉处理渠道和以往案例记录		
		5.5.2.4	查看顾客满意度或相关活动的开展与评价输出		
	售后服务管理	5.5.3.1	查看健身卡和其他产品的售后服务声明		
		5.5.3.2	查看售后服务的主要内容组成		
		5.5.3.3	查看售后服务联系方式和渠道种类		
		5.5.3.4	查看售后人员专业培训记录		
		5.5.3.5	询问并查看个人信息保密措施		
		5.5.3.6	查看付费售后服务项目的声明与合同样本		
5.6 财务、采购与合同管理	财务管理	5.6.1	查看财务审计报告等方式		
	客户合同管理	5.6.2	查看客户合同样本		
	外租外包合同管理	5.6.3	查看外租和外包服务协议，并实地查看经营服务内容		

【条文释义】

标准中的表 2 为全民健身活动中心管理要求检验评价模板，提供了对于要求的检验评价方法，场馆可以此表为基础制定全民健身活动中心管理要求检验评价表。

建议可在检验评价中加入判定规则，对不合格项的严重程度进行区分，分为一般不符合项和严重不符合项，并分别对检验评价内容中的一般不符合项、严重不符合项进行详细阐述，并明确整改期限。

第三章

标准实施的问题与思考

一、在全民健身活动中心的日常运营管理中，哪些岗位的服务人员是影响人身安全健康、服务质量、顾客经常感受到并需经顾客评价的重要核心接触面岗位

核心接触面是指影响人身安全健康、服务质量、顾客经常感受到并需经顾客评价的接触面。根据对影响人身安全健康、服务质量、顾客感受等因素的综合考量，以下岗位为需经顾客评价的重要核心接触面岗位。

1. 私人健身教练

泛指从事一对一健身指导工作的岗位人员。私人教练要根据客户的具体情况为其设置一个可行的目标，制定安全的策略，监控健身进度，及时调整练习者的健身计划，不断地鼓励和支持练习者按照系统的方法坚持科学训练，工作具有互动性、针对性等特点。因此，私人健身教练是一个顾客经常感受到，并能影响人身安全健康、影响服务质量的重要核心接触面岗位。

2. 团体健身教练

泛指从事团体健身指导工作的岗位人员。同私人健身教练一样，在工作中会经常与顾客接触，是影响人身安全健康、服务质量、顾客经常感受的重要核心接触面岗位。

3. 前台、客户服务

泛指从事前台接待、顾客投诉受理及售后服务的岗位人员。前台和客服在日常工作中会接触大量的顾客，他们服务质量的优劣会严重影响顾客满意度，是重要核心接触面岗位。

4. 会籍顾问

泛指从事会员卡销售的岗位人员。会籍顾问是一个服务性的职位，工作职位涉及会员管理和市场营销两个方面。客户需要会籍顾问为其提供咨询和顾问服务，得到充分的服务。会籍顾问工作包括吸纳新会员，密切会员关系，所以会籍顾问最能给人留下深刻的印象，是重要的核心接触面岗位。

5. 游泳教练

泛指泳池中从事游泳技术教学指导的岗位人员。游泳教练负责为顾客提供专业高质量的全方位游泳指导，指导会员正确开展游泳活动，保证顾客游泳的安全及有效性，是重要的核心接触面岗位。

6. 游泳救生员

泛指从事泳池安全维护及救生的岗位人员。在游泳场所中对游泳者的安全进行有效的观察和防护，并对溺水者进行赴救和在医务人员到来之前进行现场急救的人员。游泳救生员需对游泳场所的安全进行检查，排除安全隐患；对游泳者的安全进行有效的观察和防护；对溺水者进行现场赴救；对游泳运动中常见的运动损伤进行初步应急处理；在医务人员

到来之前，对溺水者进行现场急救，现场人工呼吸和心肺复苏。游泳救生员是关系到顾客安全健康的重要核心接触面岗位。

二、对于重要核心接触面岗位的培训内容应至少包括哪些内容

对核心接触面岗位人员，应进行岗位说明、仪容仪表、服务承诺、设施设备使用等方面的培训。

其中，岗位说明是为了明确表明企业期望员工做些什么、员工应该做些什么、应该怎么做和在什么样的情况下履行职责；礼仪培训是为了提高职业素质，树立良好的全民健身活动中心形象，使员工能更好地与顾客交流；服务承诺的培训有利于树立顾客向导的服务理念，明确岗位所需兑现的服务承诺，所应达到的服务标准；设施设备使用的培训可以使员工更全面地了解全民健身活动中心的设备，提高维护和使用设备的能力。

除上述培训内容外，还应对核心接触面岗位的专业业务知识技能进行培训，培训内容如下。

1. 私人教练岗位

可参考社会体育指导员健身教练国家职业资格培训教学大纲进行培训。健身教练国家职业资格培训是为提高健身教练的职业素质和专业水平，统一规范健身从业人员的职业和从业技能开展的培训。主要培训内容有：

功能解剖学、运动生理学、有氧训练技术、健康体适能原理、健康体适能评估及实践、运动营养学、运动处方开具及执行实践、客户沟通技巧、健身教练职业道德与行为规范等。

2. 团体健身教练岗位

可参考社会体育指导员健美操教练国家职业资格培训教学大纲进行培训。主要培训内容如下：

大众健美操基础课程、杠铃操基础课程、动感单车基础课程、搏击操基础课程、身体平衡操基础课程、有氧舞蹈基础课程等。

3. 前台、客户服务

前台服务接待流程、前台服务业务流程、前台广播、前台收银报表、俱乐部会所系统、电话接听与回访、俱乐部综合管理系统、客服管理培训、俱乐部会员投诉处理。

4. 会籍顾问

市场调研方法、会籍顾问角色认知及自我管理、销售基本步骤、会籍顾问工作流程、市场开发实践、销售工具使用、客户跟进技巧、电话营销技巧、店内参观技巧。

5. 游泳教练

游泳为高危项目，游泳教练需要参加国家规定的有相关培训，资格鉴定通过，方可持证上岗，具体内容参阅社会体育指导员游泳教练国家职业资格考核培训大纲。

社会体育指导员游泳教练国家职业资格考试可通过各省市职业技能鉴定站报名或登录国家体育总局职业技能鉴定指导中心网站（http://www.sportosta.org.cn/ost/homePageAction.do?method=init&ipflag=0）登录报名。

6. 游泳救生员

游泳为高危项目，需参加国家规定的有相关培训及资格鉴定，资格鉴定通过，方可持证

上岗。

资格证书获取流程如下：参加各省市指定培训机构举办的职业技能培训并合格；培训后根据职业技能鉴定站给出的鉴定时间参加职业技能鉴定考试；考核合格，到职业技能鉴定站领取国家职业资格证书。

鉴定考试可通过各省市职业技能鉴定站报名或登录国家体育总局职业技能鉴定指导中心网站（http://www.sportosta.org.cn/ost/homePageAction.do?method=init&ipflag=0）登录报名。

三、全民健身活动中心可以通过何种渠道或方式公开公示服务内容、开放时间、收费项目和价格、免费或优惠开放措施？如何运用现代互联网等先进技术，有效地传达上述信息给健身者

1. 全民健身活动中心可以透过以下渠道公示服务内容、开放时间、收费项目和价格、免费或优惠开放措施等内容：

（1）全民健身活动中心内主入口、前台附近张贴展示海报；

（2）全民健身活动中心内电子显示屏定时播放；

（3）全民健身活动中心内公共广播系统定时广播；

（4）顾客购买合同协议、会籍卡说明；

（5）全民健身活动中心会员管理平台的短信群发、电话回访；

（6）全民健身活动中心自有网站、当地门户网站、报纸、电台。

2. 全民健身活动中心可以利用互联网技术传达信息：

（1）全民健身活动中心将已经购买健身服务的健身者、未购买健身服务的健身者、团体客户的基本信息收录到全民健身活动中心综合管理系统平台内。

（2）对于已经购买全民健身活动中心会员卡的健身者，通过微信主动绑定全民健身活动中心公众服务端，全民健身活动中心通过微信推送上述信息。

（3）未购买全民健身活动中心会员卡的健身者，通过综合管理平台内的短信平台推送上述信息。

（4）团体客户（学校、民间组织、公司），全民健身活动中心通过网站发布形式推送上述信息。

四、全民健身活动中心最基本的工作程序和制度有哪些？这些工作程序和制度如何有效地传达和沟通给全体员工

1. 基本质量管理程序

（1）制定合理的工作流程，为大众带来良好的服务体会，增加大众的满意度。

（2）制定严格的器材、设施维护、保养等工作流程，使每一样器材、设施达到最好的状态，为大众带来良好的运动、锻炼体验。

（3）制定合理的场地维护工作程序，时刻保持运动场地的整洁、安全。

以下为工作流程，供参考：

1）营业前的准备工作

a）服务人员上岗前应做好自我检查，做到仪容仪表端庄、整洁，符合全民健身活动中心的要求。

b）仔细检查各种健身器材及设备是否完好，锁扣和传动部位是否安全可靠。

c）仔细擦拭健身器材，保证无灰尘、无污迹、无杂物，并将器材摆放整齐、到位。

d）调节全民健身活动中心内的照明、湿度、温度，检查是否达到规定的标准：应符合GB 9668—1996《体育馆卫生标准》、GB/T 34281—2017《全民健身活动中心分类配置要求》和GB/T 18883—2002《室内空气质量标准》等要求，场所照明应保证合理必要的采光照明需求，体育活动场地水平照度应不小于80 lx，且避免眩光。当室内体育场地照明需满足业余比赛或专业训练需求时，照明系统应符合JGJ 153—2007《体育场馆照明设计及检测标准》中4.1条的Ⅱ类要求。湿度、温度分别控制在40%～80%、16 ℃～28 ℃范围内。

e）做好场地和设备的清洁工作，清点和调换送洗的毛巾，备齐各种客用品。

2）迎接服务工作

当客人光临全民健身活动中心健身房时，服务员应使用礼貌用语，面带微笑，主动迎候客人。

3）为客人做健身登记

向其介绍全民健身活动中心健身房服务项目、收费标准等相关事项后，为客人开具消费账单，注明消费项目及消费时间。

4）引领客人做健身准备

a）为客人做完登记后，向客人发放毛巾、更衣柜钥匙等健身客用品。

b）引领客人至更衣室，等候客人更衣完毕后将其领至健身器材旁。

5）提供健身服务

a）对于初次到来的客人，服务员应主动为其介绍健身器材和相关设备的性能和使用方法，耐心地为其讲解并做示范动作。

b）在客人健身过程中，细心观察场内情况，及时提醒客人应注意的事项。当客人变更运动姿势或加大运动量时，服务员应先检查锁扣是否已插牢，必要时应为客人换挡。

c）在客人健身过程中，及时清理客人使用过的毛巾和废弃物，及时补充服务用品。

d）如果客人要求，可在客人运动时播放符合节奏的音乐。运动间隙时间，服务员应主动提供递送毛巾、提供饮料或茶水等服务。

e）如果客人希望做长期、系列的健身运动，服务员可按照客人的要求，为其制订健身计划，并为客人做好每次健身记录。

f）若客人在健身过程中发生意外事故，视事故大小及时上报上级领导协调处理。

g）客人运动完毕、更衣后，服务员应主动征求客人对此次服务的意见及建议，请其填写健身服务质量评分表，并及时汇报给主管。

h）主管对服务人员的服务工作进行检查和监督，发现问题及时纠正，并按要求改进服务工作。

6）送别客人

a）结账完毕后，服务员应将账单送交客人，向客人道谢并送至门口，道“欢迎再次光临，再见！”

b）与客人道别时，服务员应主动提醒客人不要忘记随身携带的物品，并帮助客人穿戴好衣帽。

7）健身器材清洁保养

a）客人离去后，服务员应及时清扫场地并整理物品，及时清洁、检查、擦拭、整理健身房的设施设备，做好迎接下一位客人的准备。

b）服务员应将使用过的毛巾送洗衣房更换干净毛巾，并放入消毒箱消毒。

c）在检查过程中若发现健身器材或有关设备存在问题或安全隐患，应及时填写健身设备保养记录卡，及时提交给主管，以便安排检修、保养工作。

2. 基本工作制度

应科学地制定相应的卫生管理、安全管理、服务流程与要求、应急预案与流程、医疗救助管理、售后管理、财务管理、巡检管理、培训管理、投诉管理、赛事组织等方面的工作制度，对全民健身活动中心进行科学、规范的管理，给大众更好的运动、锻炼体验。

（1）卫生管理制度：可依据《公共场所卫生管理条例》（国发[1987]24 号）制定全民健身活动中心的卫生管理制度，通过建立制度，创造一个舒适、整洁的健身环境，树立全民活动中心的良好形象。

（2）安全管理制度：安全管理制度需遵守《中华人民共和国安全生产法》《中华人民共和国消防法》《特种设备安全监察条例》和其他地方相关法律法规。

（3）应急预案：应急预案应包括但不限于火灾应急预案、治安应急预案、设备事故应急预案、公共卫生事件应急预案、自然灾害应急预案等。

应急预案有助于识别风险隐患、了解突发事件的发生机理、明确应急救援的范围和体系，使突发事件应对处置的各个环节有章可循。有利于对突发事件及时做出响应和处置；有利于避免突发事件扩大或升级，最大限度地减少突发事件造成的损失；有利于提高全社会的居安思危、积极防范社会风险的意识。

3. 如何有效传达工作制度与程序给每名员工

（1）进行适合的岗前培训与考核，对考核不合格的员工不予录用；对于综合素质较强，没有通过考核的员工在进行再次的培训与考核后方可录用。

（2）进行适合的岗中培训与考核，培训、考核内容包括服务流程、器材使用、基本医疗救助知识、安全管理等方面进行培训与考核。对考核不合格的员工进行再次培训与考核，如再次考核不合格，予以辞退。

（3）在所有工作区域、工作人员休息区、办公区张贴工作流程板和重点工作制度，时刻提醒所有员工标准化的工作与服务。

（4）进行不定期地暗访制度，增强员工对全民健身活动中心工作程序与工作制度的重要性。

（5）实行岗位轮换制度，使员工全面掌握全民健身活动中心工作的流程与制度。

（6）定期对前来运动、锻炼的大众进行客户满意调查活动，以便改进、增强全民健身活动中心的服务水平。

五、在健身指导服务的提供过程中，如何更好地普及公众体育竞赛参与、观赛、装备器材使用、运动规则、健身安全等方面的知识，提高大众的体育素养

为更好地普及公众体育竞赛参与、观赛、装备器材使用、运动规则、健身安全等方面的知识，提高大众的体育素养可采取以下措施。

(1) 健身指导服务人员配备：社会体育指导员（公益社会体育指导员，职业社会体育指导员）和退役运动员（全职、兼职）。

负责体育活动指导及各种身体练习的基础指导，使人们掌握体育锻炼方法，通过指导，使人们掌握正确的运动技术，并不断提高运动技术水平。负责健身指导、医学监督，并以科学的理论方法指导人们锻炼，负责制定合理的体育锻炼计划，负责健康测定评价、体质测定评价。定期举办讲座、教学活动。

(2) 健身指导服务人员的培训：邀请运动康复、科学健身等各领域专业人士，定期对健身指导人员进行专业体测、器材使用、运动规则、健身安全知识等方面的提高培训。

(3) 针对不同设施器材的定期培训：邀请器材、设施厂家专业人员针对器材的使用与说明，对健身指导员、群众进行定期的使用培训与专业指导。

(4) 针对不同群体的培训：举行讲座、培训等教学活动，使群众掌握合理科学的运动、锻炼知识，有效提高大众体育素养。

(5) 定期组织有群众代表性的赛事与活动，充分调动大众参与的积极性。

(6) 健身指导员为大众制定科学、合理的运动及健身计划，帮助大众进行科学合理的运动。

(7) 健身指导员根据数据平台的人群数据，可重点关注、指导相对应人群。

六、室内外常见的运动场地面层应如何保养和维护

1. 塑胶面层

(1) 塑胶跑道铺设竣工后，需要保养 7 d～10 d 后才能使用。

(2) 禁止各种车辆行驶，避免长时间堆压重物和锋利之物等（标准跑鞋除外），以防止漏油腐蚀塑胶面层，避免剧烈的机械冲击与摩擦。

(3) 禁止携带易燃、易爆和腐蚀性物品进入场地，避免有害物质污染。应保持场地清洁，禁止吸烟和吐痰。平时应及时清除异物，如垃圾、树叶，尤其是硬质异物，如玻璃、水泥碎片等。

(4) 禁止切割或刺穿场地。

(5) 经常进行场地的清洗、维修和保养，清洗后胶面少量余水可用干布除去。除了每天清扫、随时清除污物外，每个季度应做一次大的洗刷。

(6) 比赛前后要用水冲刷，以保持场地的色彩和清洁卫生。天气炎热的时候应喷洒凉水，降低场地面层表面温度。

(7) 场地上的划线和标志应保持清晰醒目。随着时间的延长，合成面层表面老化，场地的各种标志会褪色。因此，在使用数年后最好重新喷涂一层胶液并划线。

(8) 如出现碎裂、脱落等现象，应及时进行修补，防止蔓延。排水设施应经常清理，保

持场地排水畅通。

(9) 避免烟火并隔离热源，避免接触有机溶剂、化学药品、烟蒂及其他火种、污染物等。沾上油污可用洗涤剂、洗衣粉擦洗干净。

2. 人造草坪

(1) 人造草坪容易出现的问题

a) 耐磨损性能差，容易纤维化；

b) 缺乏喷淋设施，造成场地粉尘多、静电多，降低草丝的耐磨损性能；

c) 草丝倒伏、填充料板结，增加表面硬度。

(2) 清洁和清扫

定期清扫是保持场地最佳运动状态的唯一有效途径。

a) 不定期喷水，高压喷水时水压不要超过 2 000 kPa。

b) 梳理草丝，使之直立。

c) 疏松填充料，降低表面硬度，增加弹性。

d) 在清扫时应防止将填充物带出草坪外面，保证它均匀地、适宜地镶嵌在纤维里。

e) 清扫标准的足球场地大约需要 3 h。在场地使用频繁的时候保证一个月做两次维护，在使用淡季每月做一次维护。

f) 使用后用清洁机及时清扫纸张、食物残渣、胶带、灰尘等杂物，使用清扫类机械时，应注意：

——刷子类型：清洁机械须具有类似于尼龙或聚烯烃之类的合成纤维毛刷，刷子不能含有金属或金属线；正确使用清洁机，保证不会带走填充在草坪中的橡胶颗粒。应注意刷子的安装高度，当刷子几乎不能碰到草纤维的顶部时，清洁效果最好。不要把刷子安装得过低以至于接触到草纤维、填充物或衬垫物。刷子安装得过低会损伤草坪并影响填充物。不要用清洁机来清除泥土。

——温度：在夏季，如果环境温度超过 30 ℃，建议不要使用清洁机。

——溢油：在清扫期间要防止润滑油、润滑脂、液体等溢出或滴到草坪表面上。因为这些液体会使草坪变色。需要特别注意的是，不要将类似于电池的酸性液体溢到草坪上。

——频率：一般在需要的时候才清扫松散的垃圾，在人造草坪场地使用频繁期，一般每个月清扫两次。

(3) 常见污渍祛除方法

a) “水状”渣滓

用坚固的纤维刷扫除渣滓，先用肥皂水擦洗，然后用清水彻底冲洗有肥皂水的地方，如有必要用吸水力强的毛巾吸干。

b) 口香糖

用氟利昂喷射成小块，然后清除残渣。

c) 冰和雪

冰的祛除比较困难，所以防止结冰尤为重要。

粉末状雪是干的，用吹雪机或者旋转的刷子就可以清除。

使用橡胶刮雪犁比较容易清除湿的或厚重的雪，不要用盐、矿盐、钙氯化物或其他腐蚀剂以及有毒化学品融化人造草坪场地上的冰块，这些物质的残留物会对运动员和设备以及人造草坪产生伤害。

(4) 维修

使用缝接或粘接方法修补基布开裂的地方，及时修补小的破损，并补充填充物。

(5) 其他要求

a) 放置足够的垃圾箱以免使垃圾外溢。

b) 尽可能使机动车辆远离场地、禁止使用无充气轮胎的车辆。若有必要，划出专用停车道以减少运动场上的泥土和车印。

c) 控制对场地的使用，禁止重物长期压放在草坪上。

d) 场地内禁止烟火，或携带食物、饮料(饮用水除外)、口香糖等进入。

e) 禁止在场地上进行高尔夫、移动射击、铅球、标枪、铁饼等投掷或其他高坠落式运动。

3. 天然草坪

(1) 灌溉

充足的水分是保证草坪建植成功的关键。苗期要保证充足的水分，新建草坪建植过程中不及时灌溉是草坪建植失败的主要因素。成熟草坪的灌溉，主要考虑的是灌溉时间、灌溉水量以及土壤特质等。

浇水时应见干见湿，根据土壤湿度、草种和品种需水特性、降水等天气状况决定浇水量。夏季高温季节，应避免中午或傍晚进行，防止高温引起病害。夏天浇水应在早晨，冬季少浇或不浇水。

注意事项：根区充分湿润，少量多次浇透。否则地表面经常湿润，草坪根系浅，生长慢、抗逆性差且湿度高、时间长，有利于病害流行。

(2) 修剪

修剪留草高度和修剪次数应根据草种、养护程度、环境条件、病害发生情况而定。冬季留草高度7 cm～8 cm，生长期留 4 cm～6 cm，每次剪去 1/3 草高左右，第一次修剪在草坪长到高度 7 cm 左右，对新建草坪进行适时修剪，可促进草坪的分蘖和增加草坪密度。成熟草坪在返青前进行修剪，可促进草坪提前进入返青。适当使用草坪矮化剂，可减少草坪修剪次数，促进分蘖，增加草坪密度，提高草坪抗逆性。当草坪受到不利因素影响时，要适当提高草坪修剪高度以提高草坪的抗性。

修剪有利于控制杂草，使草坪有一个非常整齐的外观，但修剪也极易造成伤口，传播病害，应注意修剪的频次。

(3) 追肥

追肥与灌溉、修剪同样重要。对于营养平衡的草坪，依据土壤肥力、理化性质合理施肥，其健壮美观、抗性强。平衡施肥需每年 4 次，一般施肥在 9 月、11 月下旬，3 月、5 月中下旬，有时候在草坪表现出缺素症之后，也可以进行施肥，均衡营养，建议全年施用量：氮为 20 kg/亩，磷为 10 kg/亩，钾为 10 kg/亩(1 亩＝666.7 m^2)，每次施肥不宜过多，一般 10 g/m^2～20 g/m^2。

草坪生长季节施肥以磷、钾肥为主。因为使用氮肥可以促进草坪茎叶的迅速生长，导致草坪的耐热、耐寒、抗践踏、抗旱的能力下降。因而在高温高湿季节避免大量使用氮肥，应以钾肥为主。

（4）杂草控制

杂草控制涉及的领域较广，主要包括杂草的种类及发生、农药的使用以及管理措施等综合防治措施。长期使用除草剂使得杂草都具备了一定程度的抗药性，抗药性杂草的蔓延，为以化学手段防治为主的杂草防治措施提出了新挑战。草坪杂草的防治与去除已经成为草坪建植过程中的主要问题之一。根据杂草的发生规律，草坪杂草防治与去除的最佳方法是生物法，即通过选择合适的草种混配组合、选择最佳的播种时期、避开杂草的高发期，对草坪进行合理的水肥管理，增加修剪频次、促进草坪的生长，增强与杂草的竞争能力，抑制杂草的生长。

（5）病虫害防治

病虫害防治在草坪养护管理过程中是非常重要的一个环节。草坪要具备适当的条件才能生长、繁衍。当草坪收到不适宜环境条件的影响，或收到其他有害生物的侵害时，就不能正常的生长和发育，严重时会造成草坪成片的死亡。草坪病虫害发生的原因，一方面是由不适宜的环境条件引起的，称为非传染性病害或生理性病害；另一方面是受到其他有害生物的侵染引起的，称为传染性病害。

病虫害防治应本着“预防为主”的原则，利用农业的物理、化学等多种手段进行防治。利用害虫的食性、趋光性、趋化性等特点诱杀成虫、幼虫和卵。有效的药剂如敌百虫、乐斯本等。

（6）打孔覆沙

草坪使用时间久了会造成场地空隙少、通气性差、二氧化碳积累多，土壤板结，根系浅而弱，生长衰弱，水分、肥料、农药不易渗入，易积水。

打孔有利于改善土壤通透性，促进根系强健。可一年打孔二次，在草坪恢复生长前进行。覆沙盖住枯黄的叶子，使之腐烂，降低生长点，一年打孔二次。

七、室内木地板场地运动面层的使用应注意哪些事项

1. 体育木地板场地的维护保养

体育木地板因长时间高频率的使用，必然会使面层油漆造成损伤及毁坏，大大影响运动性能及外观。为了体育木地板的使用寿命，日常维护及专业保养是必不可少的。

（1）日常清洁保养

每天有固定的人员打扫清洁，去除地板表面的浮层、杂物及水迹等：

——用干净的软毛刷或棉质拖把清除地板上的异物、灰尘；

——如果地板使用频率高，则需相应提高除尘频率；

——普通污渍可以用湿手巾擦除；如遇不易清除的鞋印或污渍，可使用运动地板专用清洁刷和清洁溶液进行清洁，彻底清除地板上的各种污痕；

——不允许用碱水、肥皂水擦洗，以免损坏地板油漆膜；

——可用水性地板清洁剂擦拭地板；可以用拧干水的纯棉拖把擦拭，如遇污迹用钢丝

绒磨擦，不可用汽油擦拭，以免导致火灾险情。

(2) 定期清洁

每两个月使用体育木地板专用清洁剂清洁一次，避免打蜡。

(3) 专业维保

每半年进行一次专业清洁保养。

(4) 地板翻新

木地板使用 5 年～8 年后，可翻新一次，重新打磨喷漆。用打磨机打磨木地板，清扫木屑、粉尘和灰尘，砂纸细磨，用吸尘器清除木屑、粉尘和灰尘后，重新涂刷体育地板专用漆。

2. 体育木地板场地日常使用要求

(1) 摆放擦鞋底用胶垫或地垫，减少灰尘及沙石的带入，造成地板的损伤。

(2) 不得穿黑胶底鞋、带钉鞋、高跟鞋等，以免造成地板损伤或留下黑胶印。

(3) 避免阳光长期直接照射，尽量安装窗帘，以免油漆长期直接照射提前老化、开裂及地板变形等。

(4) 控制温湿度，在馆内放置湿度仪，根据馆内不同湿度，及时调节控制，保持地板干燥清洁，避免与大量的水接触，以免造成地板膨胀或收缩。室内相对湿度应保持在 50%～70%，室内温度，控制在 10 ℃～35 ℃。冬季室内相对温度低于 40%时，在馆内没有比赛的情况下铺上地毯。夏季室内相对湿度大于 70%时，每天应开窗通风或强制通风一次，时间为 2 h 以上。无比赛时不开启强制送热风装置。

(5) 冬季(空气较干燥时)每两天用水拖布擦拭地板一次，夏季可适当减少；同时应注意防潮，除定期通风除湿降温外，木地板上面覆盖的专用铺垫还应定期打开，让地板与空气接触。

(6) 演出舞台搭建时要二层保护，一层软质垫层铺在地板面层上，第二层拟铺用木工板或丙纶地毯之类的材料对地板进行整体覆盖，防止地板面层受损。

(7) 不要把烟头或火柴随手扔在地板上，以免烧焦地板表面，避免尖利物体划伤或长时间重压。

八、室内 PVC 场地运动面层的使用应注意哪些事项

PVC 塑胶地板，主要成分为聚氯乙烯材料，PVC 地板可以做成两种，一种是同质透心的，就是从底到面的花纹材质都是一样的。还有一种是复合式的，就是最上面一层是纯 PVC 透明层，下面加上印花层和发泡层。PVC 地板由于其花色丰富、色彩多样、绿色环保、超强耐磨、施工快捷等一系列优点，而被广泛用于居家、商业、运动面层等方面。

为延长 PVC 地板的使用寿命，使用时应注意保养。

(1) 砂石防护：应该在使用 PVC 地板的房间门口、大厅门口放置一块砂石防护垫子，预防鞋子将砂石带入房间将地板表面划伤。

(2) 物品搬运防护：在搬运物品时，特别是底部有金属尖锐的物品时，不要在地板上拖拉，以防地板损伤。

(3) 烟火防护：虽然 PVC 地板是防火等级为难燃级(B1 级)的地板，不代表地板就不会被烟火烧伤，因此人们在使用 PVC 地板的时候，不要将燃烧的烟头、蚊香、带电的熨斗、高

温的金属物品直接放在地板上面，以防造成地板损坏；

(4) 定期地板保养：PVC 地板清洁使用中性清洁剂清洁，不能使用强酸或强碱的清洁剂清洁地面，做好定期清洁维护工作。

① 日常维护：使用清洁的九成干的拖把清洁地面，对污染严重的要局部清洁；

② 月维护：地面清洁，局部基础受损地面打蜡处理。特别是同质透心体的 PCV 地板一般一个月进行一次养护。

(5) 污染处理：PVC 地板上沾污的墨水、食品、油腻等应擦去污物，然后用稀释的清洁剂擦洗痕迹，残留的黑色皮鞋印难以清除时可以使用面纱沾松香水擦洗，不可将松香水倒在地板上清洁，擦洗后要补蜡养护。

(6) 注意事项：地板清洁不能使用清洁球、刀子刮擦，无法用常规方法清洁的污物，咨询有关人士，不可随便使用丙酮、甲苯等化学药品。

(7) 化学防护：避免大量的水长时间滞留在地板表面，特别是块材地板、同质透心体的 PCV 地板，水长时间地浸泡地板，可能会渗入地板下面使地板胶溶化失去黏结力，也可能使地板表面的保护蜡水分层造成地板污染，也可能使污水渗透进入地板内部造成地板变色(同质透心体的 PCV 地板)；

(8) 阳光防护：避免强光直接照射地板，做好地板防紫外线照射，防止地板变色、褪色。

第四章

全民健身活动中心案例精选

一、天津东丽区全民健身活动中心

天津市东丽区全民健身活动中心占地面积 2 160 m²，建筑面积 8 288.38 m²，为地上四层的独立建筑物。该中心于 2009 年 9 月 26 日正式投入使用，全面对社会开放。东丽区全民健身活动中心内可举办篮球、足球、乒乓球、健身操、健身舞蹈、武术等 10 余项训练和比赛，可开展健身培训和指导等健身锻炼活动。该中心已成为集体训练、体育比赛、体育健身、休闲娱乐为一体的综合性全民健身活动中心、成为体育爱好者开展健身活动和休闲娱乐的重要场所(见图 4-1-1)。

图 4-1-1　天津东丽区全民健身活动中心

东丽区全民健身活动中心一楼为健身中心和训练厅。健身中心内有有氧跑步机、动感单车、太空漫步机、综合健身区、健身馆内设有淋浴间，训练厅内设有跆拳道、柔道、摔跤、举重等项目设施。二楼为大众休闲区，提供羽毛球、乒乓球、篮球等活动场地；四楼原设计是三个标准篮球场，现在工作日作为天津市乒乓球队训练基地，节假日向公众开放(见图 4-1-2)。

图 4-1-2　天津东丽区全民健身活动中心乒乓球场地

东丽区全民健身活动中心在积极搞好对外开放工作的同时，也满足体育学院正常教学、乒乓球管理中心日常训练和东丽体育艺术学校学生训练。为了做好对外开放工作，为广大健身爱好者提供良好的服务，先后制定了部门职责、岗位职责、任职要求、服务礼仪要求、场馆卫生管理要求、场馆消防管理制度、场馆安全制度、场馆安全保卫制度、各类突发事件及应急预案等规章制度。坚持把制度要求逐步落实到具体工作中，确保东丽区全民健身活动中心健康有序地运行。

东丽区全民健身活动中心本着公益性原则低价向群众开发，收入全部用于设施的更新维护和中心的正常运行。

一楼健身房采取会员制，有专门的会籍顾问来解答健身顾客的各类问题。为满足健身爱好者的不同需求，推出了月卡、季卡、半年卡、年卡四个时间段的健身卡，深受广大健身爱好者的喜爱。二楼是复合型场地，为了最大限度地发挥场地作用，在安排羽毛球场地的基础上，又增加了乒乓球、篮球场和排球场，以丰富的场地设施满足不同健身爱好者的需求。四楼作为天津市乒乓球队训练基地，也可用于举行大型赛事。天津市东丽区全民健身活动中心场地设施见图 4-1-3。

a）综合健躯　　b）动感单车

图 4-1-3　天津市东丽区全民健身活动中心场地设施

东丽区全民健身活动中心在积极承接赛事的基础上，着力做好全民健身服务工作。先后承办了东丽区执法局篮球活动、东丽民侨办与河东区政府联谊活动、东丽区区委羽毛球比赛、区政协趣味运动会、东丽区帝达杯羽毛球比赛、东丽区人大运动会、东丽区社会体育指导员培训等赛事活动。同时举办了社会体育指导员培训班、健身气功培训班。通过锻炼使东丽区广大干部职工都能以充沛的体力和饱满的精神投入到各项事业的建设中去，为东丽区发展贡献力量。

二、辽宁省丹东市全民健身活动中心

辽宁省丹东市全民健身活动中心是财政全额拨款科级事业单位建制、丹东市体育局直属单位，由丹东日林集团有限责任公司丹东港冠名赞助，故又称——丹东港健身中心。该中心于 2005 年 10 月落成并试运行，2007 年 1 月正式运行（见图 4-2-1）。

图 4-2-1　丹东市全民健身活动中心

丹东市全民健身活动中心是丹东市开展全民健身活动和业余训练相结合的单位，总建筑面积为 13 380 m^2，主体四层结构。使用面积

11 100 m²，体育活动场地面积 7 300 m²。

丹东市全民健身活动中心开展全民健身和业余训练项目有游泳、网球、篮球、羽毛球、乒乓球、毽球（毽球城）、棋牌、击剑、跆拳道、健美、健美操、瑜伽、国民体质检测。设置了办公室、综合办 2 个职能部门和 3 馆 1 部（游泳馆、网球馆、综合馆、健身俱乐部）4 个场馆部门。辽宁省丹东市全民健身活动中心运动设施见图 4-2-2。

a）前台

b）游泳馆

c）网球场地

d）健美操房

图 4-2-2　辽宁省丹东市全民健身活动中心运动设施

辽宁省丹东市全民健身活动中心游泳馆有一大一小两个泳池，标准网球场 4 块，乒乓球台 3 副。标准篮球训练场地 1 块和跆拳道训练场地 1 块、击剑训练场地 1 块。健身俱乐部由有氧区和无氧区组成，建有力量训练区、跑步漫步区、单车房、瑜伽房、健美操房、棋牌室和乒乓球场地、体测室等，辅助设施有营养吧、锅炉房、更衣室、沐浴间、卫生间等。

服务项目分业余训练和体育经营两项。业余训练有游泳和网球两项。体育经营有游泳、网球、健身俱乐部三个项目。社会公益性方面，一是利用空闲的场地和时间，无偿地为篮球、击剑、羽毛球、跆拳道等项目训练提供场地。二是为竞赛服务，先后举办了全国性、全省、本市等的体育赛事 30 多项次。三是为全民健身活动服务，为社会体育指导员队伍无偿提供训练场地；每周三下午和周六、日场地空闲时间免费开放。中心逐步规划引进管理和经营人才，进一步提高服务质量，形成良性循环；采用先进的管理系统和监控系统，改善管理工作环境。

加强人性化管理，对三馆投保三个专项保险，包括水池猝死、溺水的保险和团队意外伤害保险。采取与业余体校相结合的经营模式，在税收上得到一定的优惠；发挥专业体育特点，利用拥有国家专业能力的师资力量，打造品牌；与广告商合作，采用冠名的形式获得经营外收入。

三、上海市嘉定区安亭镇全民健身活动中心

2010 年，由安亭镇人民政府投入亿元资金建成安亭全民健身活动中心，建筑面积 11 000 m²，是一座规模一流、环境优雅，集体育健身、健康培训咨询，体育娱乐为一体的综合性市民体育健身场所。场馆开放以来，前来健身的市民络绎不绝。成为安亭市民健身休闲的好去处（见图 4-3-1）。

该中心户外广场专为市民提供健身气功、排舞、轮滑及户外体育健身展示活动之用。温水游泳池建筑面积 5 300 m²，设有标准短池和娃娃池各一座，附属设施一应俱全，科技含量极高；健身馆 1 800 m²，健身设施种类齐全（见图 4-3-2）。是一座具有现代理念的健身馆，有氧、无氧器械训练，充满蓬勃气息的动感单车、跆拳道、瑜伽训练、阳光练操等项目。球类馆设有 10 片羽毛球场地及标准篮球场；另配有乒乓球馆、桌球房、网球场和户外篮球场等设施。

图 4-3-1　上海市嘉定区安亭镇全民健身活动中心

图 4-3-2　健身设施

安亭镇全民健身活动中心在各级业务部门的关心、指导和帮助下，运行管理工作逐步完善和优化。

（1）确立运行模式。健身活动中心归口于镇文体服务中心，下设综合管理办公室和体育管理办公室，负责中心各场馆的沟通和相互间的协作，组织各类培训活动的开展和日常财务收支运行。

（2）建立管理制度。健身活动中心启动运作的同时，制作并印发了服务制度手册，包括部门职责、岗位职责。服务标准细化到着装服饰、待人接物、统一礼貌用语等。邀请世博礼仪服务明星和消防专家，分别讲解了窗口工作人员优质的服务技能规范和消防应知应会等。

（3）建立考核体系。中心与员工、中心与委托管理方均签订工作目标责任书，明确责

任与义务，奖优罚劣，奖惩分明。各场馆服务人员由体育志愿者担任。

(4) 高度体现服务公益性。落实相应的公益性措施，羽毛球馆、乒乓房、桌球房向60岁以上老年人提供阳光健身卡，并逐渐将阳光健身卡发放范围扩大到残疾人、特困户、低保户和寒暑假期间的中小幼学生；面向市民免费举办各类健身辅导和讲座；鼓励企业团体和社会力量办体育，低价收取场馆费。

(5) 大力推广便民利民新举措。推行智能化订票自助系统，市民可网上预订健身场地，减少因信息不畅造成的不必要的徒劳往返，同时大大提高了场馆的利用率。

安亭镇全民健身活动中心是一个功能完善，设施一流，极富时代气息的市民体育健身的乐园，更是一个集管理、服务、高校于一体的新型阵地，中心以极大的工作责任心和服务大众的热忱，为社区体育爱好者提供细致周到的指导服务。

四、重庆沙坪坝区全民健身活动中心

重庆市沙坪坝全民健身活动中心辐射沙坪坝区高教园区，并临近周边社区，体现了便民、利民的特点，极大地满足了群众体育、休闲、健身的需求。

从投资金额、建筑规模上看，沙坪坝区全民健身活动中心属于中型全民健身活动中心类型，在原有场地设施基础上进行改造完成。这种类型的全民健身活动中心建设投资适中，选址于城市社区，专用于开展群众性体育健身活动、向公众提供公益性体育健身服务、具有一定规模的多功能综合性体育健身设施，切实做到亲民、便民、利民。

从项目设置上来看，健身、乒乓球、游泳、集体操项目等体育场地设施都是普遍受群众欢迎的体育活动项目。合理的项目设置，不但提升了全民健身活动中心的人气，产生良好的社会效应，还提高了体育场地的利用率，为开放后的良好运营打下了基础。全民健身活动中心场地设施见图 4-4-1。

a）力量器械

b）跑步机

图 4-4-1　重庆沙坪坝区全民健身活动中心场地设施

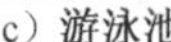

c）游泳池　　d）国民体质测试

续图 4-4-1

沙坪坝区全民健身活动中心组织机构清晰，总经理负责运营管理开放工作，下属游泳场地运营部、健身教练部、市场营销部、后勤部等职能部门。其中游泳场地运营部由教练岗位、救生岗位、游泳馆场地服务岗位、设备管理岗位组成，负责全民健身活动中心游泳场地运营管理工作；健身教练部负责健身场地的运营与管理工作；市场营销部负责市场开发、经营销售工作；后勤部负责保洁、后勤安保等工作。

沙坪坝区全民健身活动中心以全天全方位地提供运动健身、健身指导、健身活动、健身组织、健身培训等服务为目标，并在经营方面不断努力探索，提升全民健身活动中心自身造血功能。

1. 探索收入支持点

在经营过程中，全民健身活动中心探索出自身的经营收入支持点，保证了全民健身活动中心的基本经济效益。本体主营业务收入有门票收入、游泳培训班收入、机关及企事业单位业余比赛/体育活动收入、办理各类个人会员卡收入；支持性收入有商品售卖收入。其中，健身、游泳个人会员卡种类有次卡、年卡、半年卡以及一卡通。

2. 经营方法灵活多样

在经营过程中，不断加大自身造血功能，营销方式灵活多样，如积极与企事业单位、机关、学校洽谈合作，发展团体客户；组织丰富的寒暑假活动，吸引学生、青少年前来健身锻炼；与地方电视台妇女频道合作，以广告形式进行宣传；设计、完善宣传材料，定期外发；建立网站，利用网络平台进行宣传。

五、济南市全民健身中心

济南市全民健身中心坐落于美丽的泉城中心繁华地带，紧邻泉城公园，环境优美，交通便利，可容纳 3 000 多人同时健身，是国内项目最多、功能最全、设施最完备的建在人口密集区的综合性运动健身休闲场所，满足社会各阶层不同的健身需求（见图 4-5-1）。作为中华人民共和国第十一届运动会重点配套场馆，济南市全民健身中心于 2009 年 10 月正式启动，辐射周边 13 个社区 21 万居民，受益群众达 100 万余人次。

图 4-5-1　济南市全民健身中心外观图

济南市全民健身中心主健身馆面积 270 000 m^2，设游泳馆、羽毛球馆、网球馆、乒乓球馆、台球馆、有氧健身馆、益智休闲区、英派斯健身馆、跆拳道馆、击剑馆等主要室内健身场馆（区）。健身广场 260 000 m^2，设有篮球、网球、门球、轮滑、乒乓球、环形跑道、健身路径等健身项目。部分健身设施见图 4-5-2。济南市全民健身中心以社会效益为最高原则，坚持社会公益事业的基本性质，采取健身广场所有健身项目全部免费开放、室内健身项目成本公益性低价收费的开放方法。

a）室内乒乓球馆

b）室外篮球场地

图 4-5-2　济南市全民健身中心健身设施

体质检测区开设体质监测项目 11 项，身体成分分析、骨密度检测、动脉硬化测试、亚健康监测、青少年儿童助长干预 30 个体质监测和理疗保健项目，帮助市民更全面地了解自己的体质健康水平，并为市民出具个性化的科学运动处方，指导市民进行科学健身。

济南市全民健身中心开展“大篷车公益监测”和“科学健身大讲堂”系列活动。体质监测走进社区，为社区居民进行了 11 项基本监测（包括身高、体重、坐位体前屈、握力、台阶试验、选择反应时等）和 3 项高端测试（包括体成分、骨密度、亚健康），并出具体质测评报告，同时对居民的肥胖、骨质疏松等常见问题进行讲解，使居民对自己的体质有了更加详细的了解。济南市全民健身中心定期举办公益讲座，主办了“科学健身大讲堂”科普系列讲座，吸引了近百名市民的参与，并依托直播平台，开展科学健身公益大讲堂活动，各项活动均受到了广大市民的一致好评（见图 4-5-3）。

a）大篷车公益监测

b）科学健身大讲堂

图 4-5-3　济南市全民健身中心公益活动

“大篷车公益监测”和“科学健身大讲堂”作为济南市全民健身中心的品牌活动，为广大市民进行体质监测服务，并分享了丰富、实用、科学的健身知识，使得更多市民参与到全民健身中来，做到科学健身，享受生活。

济南市全民健身中心坚持政府主导、社会参与、全民共享的原则，以提高群众身体素质、完善全民健身公共服务体系、服务和谐社会建设为宗旨，全力打造覆盖全市的全民健身公共服务体系，在探索中求进步，在实践中谋发展，走出了一条科学的全民健身事业发展道路。获得了“国家级全民健身活动中心”“国家级体质测定与运动健身指导站”“群众体育先进单位”“国民体质监测工作先进单位”等荣誉称号。

六、焦作市太极体育中心健身馆

焦作市太极体育中心健身馆（见图 4-6-1）位于焦作市太极体育中心内，地理环境条件优越，地处山阳路以东、丰收路以南、瓮涧河以西、龙源路以北，北侧为焦作大学和焦作师范高等专科学校，西侧为龙源湖社区，东侧为规划中的职教园区。焦作市太极体育中心健身馆由市体育局二级机构、市差供事业单位焦作市体育场馆管理中心负责管理。

图 4-6-1　健身馆外观图片

健身馆总建筑面积 25 000 m^2，总投资概算 8 300 余万元。内部结构为局部 2 层，部分 3 层，功能用房 6 层，建筑总高度 22.5 m。健身馆是群众健身的主要场馆，馆内主要场地有 4 块木质篮球场地、12 块羽毛球场、摔跤柔道房、武术房、乒乓球房、健身操舞房，是 2014 年河南省第十二届省运会暨全民健身大赛比赛场地。部分健身设施见图 4-6-2。在圆满完成省运会比赛任务后，健身馆作为市体育局、市体育场馆管理中心实行全民健身计划的重要组成部分向市民开放，主要经营项目有篮球、羽毛球、乒乓球等。除日常经营开放外，还有运动队训练、商业比赛、大型活动、会议、车展等多种用途，可提供 1 000 m^2 的租用场地 3 个，包括 LED 显示屏，音响等设备的使用，是一个多功能、全方位的综合性健身场馆。

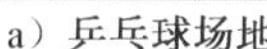
a）乒乓球场地

b）羽毛球场地

图 4-6-2　焦作市太极体育中心健身馆健身设施

为探索体育场馆管理模式，提高管理效益，太极体育中心委托北京体育大学管理学院为太极体育中心量身定制了《焦作市体育场馆管理中心运营管理方案》，健身馆运营管理措施如下：

（1）加强党风廉政建设工作。签订《党风廉政建设目标责任书》，明确部门负责人在党风廉政建设中的主体责任，做到权责对等，有错必究，有责必问。以党建为抓手，强化队伍建设，以廉政问责为抓手，做好健身馆的各项管理工作。

（2）创新用人机制。根据实际工作需要，因事设岗，明确岗位职责，实行全员竞聘上岗。建立绩效考核办法及评分标准，形成了良性的用人机制。

（3）规范管理制度。对健身馆工作进行全方位的建章立制，建立考勤制度、信息发布管理制度、解决顾客投诉流程、财务制度、货物采供合同及用章管理办法、消防管理制度等30余项规章制度。规范服务管理、岗位职责及操作流程等，进一步提升健身馆的规范化管理水平。

（4）加大信息化建设力度。借鉴外地市先进经验，启动智慧场馆建设工作。目前，建立有太极体育中心官方网站、微信、微博平台，完成了太极体育中心 APP 建设方案，保障了中心信息化有序建设、高效推进。

（5）加强节能降耗工作管理，健身馆定期进行检查、维护，形成高效能、低耗能的设备运行管理体系。

（6）加强场馆安全秩序和环境卫生管理。成立安全工作领导小组，制定消防、治安等多种应急预案，全年进行应急安全演练 4 次。安装了监控系统、消防报警系统、消防喷淋系统。健身馆做到全年无安全事故。

七、社区智能商业健身房

部分社区智能商业健身房将“智能系统”融入到健身课程中，凭借强大的高科技智能系统研发能力和健身健康产品体系开发能力，开发连锁智能健身主题店。一间门店可辐射 3.5 km 左右，重点服务 300～500 人，影响辐射 3 000～5 000 人，可以为周边社区用户提供高科技、效果好的智能健身服务，创造智能社区健身空间。

这种社区智能商业健身房面积偏小，所有门店从装修、空间设计、器械配置、人员配置等方面接近一致。健身器材一般以哑铃、弹力带、踏板等小器械为主，配有力量架。设置休闲区为教练和学员们提供聊天互动的空间，教练可以为学员们解读运动评估报告，以及营养饮食方面的指导。

定制化运动处方

社区智能商业健身房根据每个用户的健康状况、运动能力、生活习惯和运动目标，可以为学员匹配定制化的运动处方和饮食处方，通过线下实体课程和线上丰富的视频课程相结合，配以高精度采集及秒传功能的智能臂带、教练端的可视化实时反馈工具等进行运动处方的实施(见图 4-7-1)。

a)

b)

图 4-7-1　智能臂带

教练和营养师团队持续观测用户的运动处方实施效果，给出每节课的运动评估报告及阶段性目标达成分析报告，即时为用户调整和升级运动处方。

智能化评估报告

在“智能系统”中，学员可在上课时佩戴智能臂带，教练随时监测智能终端工具上显示的每位学员运动数据的变化。

课前，根据用户的初始体测和体验课运动能力评估，为用户开出专属运动处方；

课中，每 0.01 s 采集血流速度，以六轴陀螺仪技术检测运动加速度和角速度，每秒上传云平台，实时采集、记录、分析运动时的力度、角速度、加速度、运动幅度、位移、次数、组数以及心律 8 项数据，并同步向教练端和用户端输出反馈，指导教练为用户实时调节动作的规范性和运动强度；

课后，第一时间给用户发送全身 6 部位 33 项指标反馈的运动评估报告(见图 4-7-2)，包括身形评估、动作准确性辅导、运动能力测评、身体素质评估，评测用户的综合运动能力等级状态和变化，可实现可视化、可预测、可分析的效果。

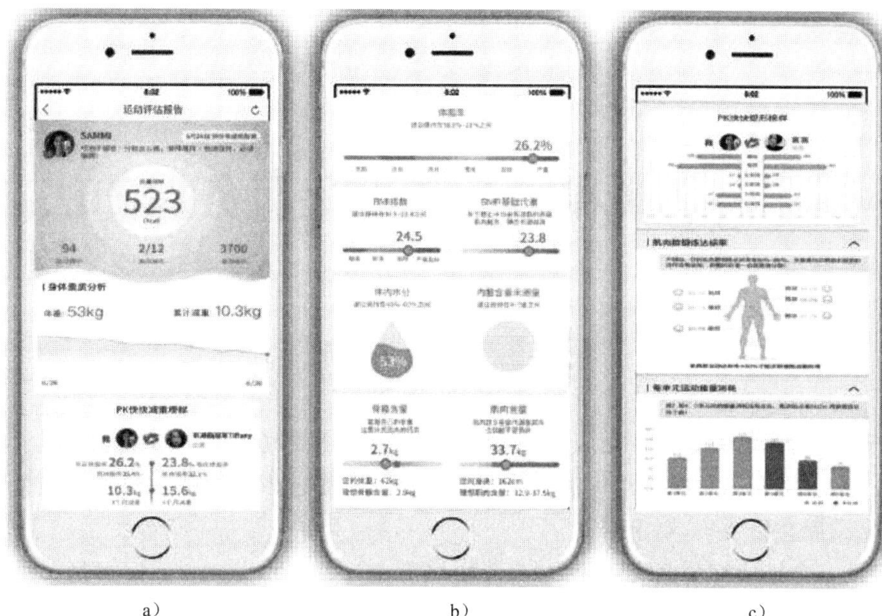

a)　　b)　　c)

图 4-7-2　运动评估报告

附录一

中华人民共和国公共文化服务保障法

（2016 年 12 月 25 日第十二届全国人民代表大会常务委员会第二十五次会议通过）

第一章 总　　则

第一条 为了加强公共文化服务体系建设，丰富人民群众精神文化生活，传承中华优秀传统文化，弘扬社会主义核心价值观，增强文化自信，促进中国特色社会主义文化繁荣发展，提高全民族文明素质，制定本法。

第二条 本法所称公共文化服务，是指由政府主导、社会力量参与，以满足公民基本文化需求为主要目的而提供的公共文化设施、文化产品、文化活动以及其他相关服务。

第三条 公共文化服务应当坚持社会主义先进文化前进方向，坚持以人民为中心，坚持以社会主义核心价值观为引领；应当按照“百花齐放、百家争鸣”的方针，支持优秀公共文化产品的创作生产，丰富公共文化服务内容。

第四条 县级以上人民政府应当将公共文化服务纳入本级国民经济和社会发展规划，按照公益性、基本性、均等性、便利性的要求，加强公共文化设施建设，完善公共文化服务体系，提高公共文化服务效能。

第五条 国务院根据公民基本文化需求和经济社会发展水平，制定并调整国家基本公共文化服务指导标准。

省、自治区、直辖市人民政府根据国家基本公共文化服务指导标准，结合当地实际需求、财政能力和文化特色，制定并调整本行政区域的基本公共文化服务实施标准。

第六条 国务院建立公共文化服务综合协调机制，指导、协调、推动全国公共文化服务工作。国务院文化主管部门承担综合协调具体职责。

地方各级人民政府应当加强对公共文化服务的统筹协调，推动实现共建共享。

第七条 国务院文化主管部门、新闻出版广电主管部门依照本法和国务院规定的职责负责全国的公共文化服务工作；国务院其他有关部门在各自职责范围内负责相关公共文化服务工作。

县级以上地方人民政府文化、新闻出版广电主管部门根据其职责负责本行政区域内的公共文化服务工作；县级以上地方人民政府其他有关部门在各自职责范围内负责相关公共文化服务工作。

第八条 国家扶助革命老区、民族地区、边疆地区、贫困地区的公共文化服务，促进公共文化服务均衡协调发展。

第九条 各级人民政府应当根据未成年人、老年人、残疾人和流动人口等群体的特点与需求，提供相应的公共文化服务。

第十条　国家鼓励和支持公共文化服务与学校教育相结合，充分发挥公共文化服务的社会教育功能，提高青少年思想道德和科学文化素质。

第十一条　国家鼓励和支持发挥科技在公共文化服务中的作用，推动运用现代信息技术和传播技术，提高公众的科学素养和公共文化服务水平。

第十二条　国家鼓励和支持在公共文化服务领域开展国际合作与交流。

第十三条　国家鼓励和支持公民、法人和其他组织参与公共文化服务。

对在公共文化服务中作出突出贡献的公民、法人和其他组织，依法给予表彰和奖励。

第二章　公共文化设施建设与管理

第十四条　本法所称公共文化设施是指用于提供公共文化服务的建筑物、场地和设备，主要包括图书馆、博物馆、文化馆（站）、美术馆、科技馆、纪念馆、体育场馆、工人文化宫、青少年宫、妇女儿童活动中心、老年人活动中心、乡镇（街道）和村（社区）基层综合性文化服务中心、农家（职工）书屋、公共阅报栏（屏）、广播电视播出传输覆盖设施、公共数字文化服务点等。

县级以上地方人民政府应当将本行政区域内的公共文化设施目录及有关信息予以公布。

第十五条　县级以上地方人民政府应当将公共文化设施建设纳入本级城乡规划，根据国家基本公共文化服务指导标准、省级基本公共文化服务实施标准，结合当地经济社会发展水平、人口状况、环境条件、文化特色，合理确定公共文化设施的种类、数量、规模以及布局，形成场馆服务、流动服务和数字服务相结合的公共文化设施网络。

公共文化设施的选址，应当征求公众意见，符合公共文化设施的功能和特点，有利于发挥其作用。

第十六条　公共文化设施的建设用地，应当符合土地利用总体规划和城乡规划，并依照法定程序审批。

任何单位和个人不得侵占公共文化设施建设用地或者擅自改变其用途。因特殊情况需要调整公共文化设施建设用地的，应当重新确定建设用地。调整后的公共文化设施建设用地不得少于原有面积。

新建、改建、扩建居民住宅区，应当按照有关规定、标准，规划和建设配套的公共文化设施。

第十七条　公共文化设施的设计和建设，应当符合实用、安全、科学、美观、环保、节约的要求和国家规定的标准，并配置无障碍设施设备。

第十八条　地方各级人民政府可以采取新建、改建、扩建、合建、租赁、利用现有公共设施等多种方式，加强乡镇（街道）、村（社区）基层综合性文化服务中心建设，推动基层有关公共设施的统一管理、综合利用，并保障其正常运行。

第十九条　任何单位和个人不得擅自拆除公共文化设施，不得擅自改变公共文化设施的功能、用途或者妨碍其正常运行，不得侵占、挪用公共文化设施，不得将公共文化设施用于与公共文化服务无关的商业经营活动。

因城乡建设确需拆除公共文化设施，或者改变其功能、用途的，应当依照有关法律、行政法规的规定重建、改建，并坚持先建设后拆除或者建设拆除同时进行的原则。重建、改建的公共文化设施的设施配置标准、建筑面积等不得降低。

第二十条 公共文化设施管理单位应当按照国家规定的标准，配置和更新必需的服务内容和设备，加强公共文化设施经常性维护管理工作，保障公共文化设施的正常使用和运转。

第二十一条 公共文化设施管理单位应当建立健全管理制度和服务规范，建立公共文化设施资产统计报告制度和公共文化服务开展情况的年报制度。

第二十二条 公共文化设施管理单位应当建立健全安全管理制度，开展公共文化设施及公众活动的安全评价，依法配备安全保护设备和人员，保障公共文化设施和公众活动安全。

第二十三条 各级人民政府应当建立有公众参与的公共文化设施使用效能考核评价制度，公共文化设施管理单位应当根据评价结果改进工作，提高服务质量。

第二十四条 国家推动公共图书馆、博物馆、文化馆等公共文化设施管理单位根据其功能定位建立健全法人治理结构，吸收有关方面代表、专业人士和公众参与管理。

第二十五条 国家鼓励和支持公民、法人和其他组织兴建、捐建或者与政府部门合作建设公共文化设施，鼓励公民、法人和其他组织依法参与公共文化设施的运营和管理。

第二十六条 公众在使用公共文化设施时，应当遵守公共秩序，爱护公共设施，不得损坏公共设施设备和物品。

第三章　公共文化服务提供

第二十七条 各级人民政府应当充分利用公共文化设施，促进优秀公共文化产品的提供和传播，支持开展全民阅读、全民普法、全民健身、全民科普和艺术普及、优秀传统文化传承活动。

第二十八条 设区的市级、县级地方人民政府应当根据国家基本公共文化服务指导标准和省、自治区、直辖市基本公共文化服务实施标准，结合当地实际，制定公布本行政区域公共文化服务目录并组织实施。

第二十九条 公益性文化单位应当完善服务项目、丰富服务内容，创造条件向公众提供免费或者优惠的文艺演出、陈列展览、电影放映、广播电视节目收听收看、阅读服务、艺术培训等，并为公众开展文化活动提供支持和帮助。

国家鼓励经营性文化单位提供免费或者优惠的公共文化产品和文化活动。

第三十条 基层综合性文化服务中心应当加强资源整合，建立完善公共文化服务网络，充分发挥统筹服务功能，为公众提供书报阅读、影视观赏、戏曲表演、普法教育、艺术普及、科学普及、广播播送、互联网上网和群众性文化体育活动等公共文化服务，并根据其功能特点，因地制宜提供其他公共服务。

第三十一条 公共文化设施应当根据其功能、特点，按照国家有关规定，向公众免费或者优惠开放。

公共文化设施开放收取费用的，应当每月定期向中小学生免费开放。

公共文化设施开放或者提供培训服务等收取费用的，应当报经县级以上人民政府有关部门批准；收取的费用，应当用于公共文化设施的维护、管理和事业发展，不得挪作他用。

公共文化设施管理单位应当公示服务项目和开放时间；临时停止开放的，应当及时公告。

第三十二条 国家鼓励和支持机关、学校、企业事业单位的文化体育设施向公众开放。

第三十三条 国家统筹规划公共数字文化建设，构建标准统一、互联互通的公共数字文化服务网络，建设公共文化信息资源库，实现基层网络服务共建共享。

国家支持开发数字文化产品，推动利用宽带互联网、移动互联网、广播电视网和卫星网络提供公共文化服务。

地方各级人民政府应当加强基层公共文化设施的数字化和网络建设，提高数字化和网络服务能力。

第三十四条 地方各级人民政府应当采取多种方式，因地制宜提供流动文化服务。

第三十五条 国家重点增加农村地区图书、报刊、戏曲、电影、广播电视节目、网络信息内容、节庆活动、体育健身活动等公共文化产品供给，促进城乡公共文化服务均等化。

面向农村提供的图书、报刊、电影等公共文化产品应当符合农村特点和需求，提高针对性和时效性。

第三十六条 地方各级人民政府应当根据当地实际情况，在人员流动量较大的公共场所、务工人员较为集中的区域以及留守妇女儿童较为集中的农村地区，配备必要的设施，采取多种形式，提供便利可及的公共文化服务。

第三十七条 国家鼓励公民主动参与公共文化服务，自主开展健康文明的群众性文化体育活动；地方各级人民政府应当给予必要的指导、支持和帮助。

居民委员会、村民委员会应当根据居民的需求开展群众性文化体育活动，并协助当地人民政府有关部门开展公共文化服务相关工作。

国家机关、社会组织、企业事业单位应当结合自身特点和需要，组织开展群众性文化体育活动，丰富职工文化生活。

第三十八条 地方各级人民政府应当加强面向在校学生的公共文化服务，支持学校开展适合在校学生特点的文化体育活动，促进德智体美教育。

第三十九条 地方各级人民政府应当支持军队基层文化建设，丰富军营文化体育活动，加强军民文化融合。

第四十条 国家加强民族语言文字文化产品的供给，加强优秀公共文化产品的民族语言文字译制及其在民族地区的传播，鼓励和扶助民族文化产品的创作生产，支持开展具有民族特色的群众性文化体育活动。

第四十一条 国务院和省、自治区、直辖市人民政府制定政府购买公共文化服务的指导性意见和目录。国务院有关部门和县级以上地方人民政府应当根据指导性意见和目录，结合实际情况，确定购买的具体项目和内容，及时向社会公布。

第四十二条 国家鼓励和支持公民、法人和其他组织通过兴办实体、资助项目、赞助活动、提供设施、捐赠产品等方式，参与提供公共文化服务。

第四十三条 国家倡导和鼓励公民、法人和其他组织参与文化志愿服务。

公共文化设施管理单位应当建立文化志愿服务机制，组织开展文化志愿服务活动。

县级以上地方人民政府有关部门应当对文化志愿活动给予必要的指导和支持，并建立管理评价、教育培训和激励保障机制。

第四十四条 任何组织和个人不得利用公共文化设施、文化产品、文化活动以及其他相关服务，从事危害国家安全、损害社会公共利益和其他违反法律法规的活动。

第四章 保障措施

第四十五条 国务院和地方各级人民政府应当根据公共文化服务的事权和支出责任，将公共文化服务经费纳入本级预算，安排公共文化服务所需资金。

第四十六条 国务院和省、自治区、直辖市人民政府应当增加投入，通过转移支付等方式，重点扶助革命老区、民族地区、边疆地区、贫困地区开展公共文化服务。

国家鼓励和支持经济发达地区对革命老区、民族地区、边疆地区、贫困地区的公共文化服务提供援助。

第四十七条 免费或者优惠开放的公共文化设施，按照国家规定享受补助。

第四十八条 国家鼓励社会资本依法投入公共文化服务，拓宽公共文化服务资金来源渠道。

第四十九条 国家采取政府购买服务等措施，支持公民、法人和其他组织参与提供公共文化服务。

第五十条 公民、法人和其他组织通过公益性社会团体或者县级以上人民政府及其部门，捐赠财产用于公共文化服务的，依法享受税收优惠。

国家鼓励通过捐赠等方式设立公共文化服务基金，专门用于公共文化服务。

第五十一条 地方各级人民政府应当按照公共文化设施的功能、任务和服务人口规模，合理设置公共文化服务岗位，配备相应专业人员。

第五十二条 国家鼓励和支持文化专业人员、高校毕业生和志愿者到基层从事公共文化服务工作。

第五十三条 国家鼓励和支持公民、法人和其他组织依法成立公共文化服务领域的社会组织，推动公共文化服务社会化、专业化发展。

第五十四条 国家支持公共文化服务理论研究，加强多层次专业人才教育和培训。

第五十五条 县级以上人民政府应当建立健全公共文化服务资金使用的监督和统计公告制度，加强绩效考评，确保资金用于公共文化服务。任何单位和个人不得侵占、挪用公共文化服务资金。

审计机关应当依法加强对公共文化服务资金的审计监督。

第五十六条 各级人民政府应当加强对公共文化服务工作的监督检查，建立反映公众文化需求的征询反馈制度和有公众参与的公共文化服务考核评价制度，并将考核评价结果作为确定补贴或者奖励的依据。

第五十七条 各级人民政府及有关部门应当及时公开公共文化服务信息，主动接受社会监督。

新闻媒体应当积极开展公共文化服务的宣传报道，并加强舆论监督。

第五章　法律责任

第五十八条　违反本法规定，地方各级人民政府和县级以上人民政府有关部门未履行公共文化服务保障职责的，由其上级机关或者监察机关责令限期改正；情节严重的，对直接负责的主管人员和其他直接责任人员依法给予处分。

第五十九条　违反本法规定，地方各级人民政府和县级以上人民政府有关部门，有下列行为之一的，由其上级机关或者监察机关责令限期改正；情节严重的，对直接负责的主管人员和其他直接责任人员依法给予处分：

（一）侵占、挪用公共文化服务资金的；

（二）擅自拆除、侵占、挪用公共文化设施，或者改变其功能、用途，或者妨碍其正常运行的；

（三）未依照本法规定重建公共文化设施的；

（四）滥用职权、玩忽职守、徇私舞弊的。

第六十条　违反本法规定，侵占公共文化设施的建设用地或者擅自改变其用途的，由县级以上地方人民政府土地主管部门、城乡规划主管部门依据各自职责责令限期改正；逾期不改正的，由作出决定的机关依法强制执行，或者依法申请人民法院强制执行。

第六十一条　违反本法规定，公共文化设施管理单位有下列情形之一的，由其主管部门责令限期改正；造成严重后果的，对直接负责的主管人员和其他直接责任人员，依法给予处分：

（一）未按照规定对公众开放的；

（二）未公示服务项目、开放时间等事项的；

（三）未建立安全管理制度的；

（四）因管理不善造成损失的。

第六十二条　违反本法规定，公共文化设施管理单位有下列行为之一的，由其主管部门或者价格主管部门责令限期改正，没收违法所得，违法所得五千元以上的，并处违法所得两倍以上五倍以下罚款；没有违法所得或者违法所得五千元以下的，可以处一万元以下的罚款；对直接负责的主管人员和其他直接责任人员，依法给予处分：

（一）开展与公共文化设施功能、用途不符的服务活动的；

（二）对应当免费开放的公共文化设施收费或者变相收费的；

（三）收取费用未用于公共文化设施的维护、管理和事业发展，挪作他用的。

第六十三条　违反本法规定，损害他人民事权益的，依法承担民事责任；构成违反治安管理行为的，由公安机关依法给予治安管理处罚；构成犯罪的，依法追究刑事责任。

第六章　附　　则

第六十四条　境外自然人、法人和其他组织在中国境内从事公共文化服务的，应当符合相关法律、行政法规的规定。

第六十五条　本法自 2017 年 3 月 1 日起施行。

（文件来源：中国政府网）

附录二

体育场馆运营管理办法

（国家体育总局 2015 年 1 月 15 日印发）

第一章　总　　则

第一条　为规范体育场馆运营管理，充分发挥体育场馆的体育服务功能，更好满足人民群众开展体育活动的需求，促进体育产业和体育事业协调发展，根据《中华人民共和国体育法》、《公共文化体育设施条例》以及《事业单位国有资产管理暂行办法》等相关法律法规，制定本办法。

第二条　本办法适用于体育系统各级各类体育场馆。

本办法所称体育场馆运营单位，是指具有体育场馆整体经营权，负责场馆和设施的运营、管理和维护，为公众开展体育活动提供服务的机构。

第三条　体育场馆应当在坚持公益属性和体育服务功能，保障运动队训练、体育赛事活动、全民健身等体育事业任务的前提下，按照市场化和规范化运营原则，充分挖掘场馆资源，开展多种形式的经营和服务，发展体育及相关产业，提高综合利用水平，促进社会效益和经济效益相统一。

第四条　县级以上各级体育主管部门负责本级体育场馆运营的监督和管理。

上级体育主管部门负责对下级体育主管部门体育场馆运营监督管理工作开展指导和检查。

第二章　运营内容与方式

第五条　体育场馆应当按照以体为本、多元经营的要求，突出体育功能，强化公共服务，拓宽服务领域，提高服务水平，全面提升运营效能。

鼓励有条件的体育场馆发展体育旅游、体育会展、体育商贸、康体休闲、文化演艺等多元业态，建设体育服务综合体和体育产业集群。

第六条　体育场馆应当结合当地经济社会发展水平、城市发展需要、消费特点和趋势，统筹规划运营定位、服务项目和经营内容，提高综合服务功能。

鼓励体育场馆根据运营实际需要，充分利用场馆闲置空间，依照国家有关标准和规范，合理开展适用性改造，完善场地和服务设施。

第七条　体育场馆应当建立适合自身特点、符合行业发展规律、与地方经济社会发展水平相适应、能够充分发挥场馆效能的运营模式。

积极推进场馆管理体制改革和运营机制创新，推动场馆所有权和经营权两权分离，引入和运用现代企业制度，激发场馆活力。

鼓励采取参股、合作、委托等方式，引入企业、社会组织等多种主体，以混合所有制等形式参与场馆运营。鼓励有条件的场馆通过连锁等模式扩大品牌输出、管理输出和资本输出，提升规模化、专业化、社会化运营水平。

第八条 体育场馆应当以体育本体经营为主，做好专业技术服务，开展场地开放、健身服务、竞赛表演、体育培训、运动指导、健康管理等体育经营服务。

第九条 训练场馆和专业性较强的场馆在保障专业训练、比赛等任务的前提下积极创造条件对社会开放。

除上述场馆之外的其它体育场馆每周开放时间一般不少于35小时，全年开放时间一般不少于330天。国家法定节假日、全民健身日和学校寒暑假期间，每天开放时间不得少于8小时。

因场馆类型、气候条件、承担专业训练和竞赛任务等原因，不能按照本办法规定对外开放的，可由省级体育主管部门视具体情况自行制定开放时间要求，向公众公示。

第十条 体育场馆应当突出体育赛事和群体活动的承载功能，全年举办的活动中非体育类活动次数不得超过总活动次数的40%。

鼓励有条件的体育场馆举办具有自主品牌的群众性体育赛事，承接职业联赛，引进国内外知名体育赛事。

第十一条 体育场馆应当完善配套服务，优化消费环境，提供与健身、竞赛、培训等功能相适应的商业服务，不得经营含有奢侈和低俗内容的商品和服务。

场馆主体部分，包括场地和看台等，除进行广告等无形资产开发外，不得占用进行商业开发。

场馆主体部分附属设施，包括除主体部分以外的室内附属用房等，可在不影响设施原有功能的前提下，适度进行商业开发。

场馆配套设施，包括按规划建设的、与体育场馆或场馆群相配套的室内外非体育设施和用房，可结合城市发展需要，根据规划和功能定位进行多元开发。

第十二条 鼓励体育场馆充分挖掘利用资源，采用多种方式加强无形资产开发，扩大无形资产价值和经营效益。涉及冠名、广告等无形资产开发的，应当符合工商、市容、广告、安全等相关规定，禁止发布和变相发布国家工商和广告法律法规中明确禁止的广告内容。

第十三条 体育场馆应当加强品牌建设，拓宽营销渠道，宣传普及健身知识，引入新型消费和服务模式，培育健身消费市场。

体育场馆应当健全信息服务系统，建立客户维护体系，有条件的场馆可建立网络服务平台，提供多样化、人性化服务，提升客户体验。

第十四条　利用体育场馆经营高危险性体育项目的，应当依法办理审批手续，严格按照项目开放标准和要求开展经营活动。

第三章　经营管理

第十五条　体育场馆运营单位应当完善法人治理结构，建立科学决策机制，对重大事项决策、重要干部任免、重大项目安排和大额度资金使用事项应当实行集体决策。

体育场馆运营单位应当结合运营需要，配备专业运营团队，合理设置内设部门和岗位，完善运行管理体系，健全管理制度，建立激励约束和绩效考核机制。

第十六条　体育场馆运营单位应当加强人才培养和引进，完善员工培训体系，建立符合场馆发展需要的人才队伍。

体育场馆运营单位应当依法规范用工，相关专业技术人员必须持证上岗。

第十七条　体育场馆运营单位应当制定服务规范，明确服务标准和流程，配备专职服务人员，提供专业化、标准化、规范化服务。

体育场馆运营单位应当开展顾客服务满意度评价，及时改进和提高服务水平。鼓励体育场馆运营单位参与服务质量认证。

体育场馆运营单位应当做好基础信息统计，加强健身人群、培训人数等数据统计和分析，动态调整经营策略和服务方式。

第十八条　体育场馆运营单位应当保证场馆及设施符合消防、卫生、安全、环保等要求，配备安全保护设施和人员，在醒目位置标明设施的使用方法和注意事项，确保场馆设施安全正常使用。

体育场馆运营单位应当完善安全管理制度，健全应急救护措施和突发公共事件预防预警及应急处置预案，定期开展安全检查、培训和演习。

体育场馆运营单位应当投保有关责任保险，提供意外伤害险购买服务并尽到提示购买义务。

第十九条　体育场馆所属房产出租、出借的，经营内容应当符合本办法规定和场馆运营规划，不得出租、出借给存在社会负面影响、易损害体育场馆社会形象的经营业态，且须符合国家和当地的相关规定。

体育场馆主体部分因举办公益性活动或者大型文化活动等特殊情况临时出租的，时间单次一般不得超过 10 日；出租期间，不得进行改变功能的改造。租用期满应立即恢复原状，不得影响该场馆的功能、用途。

第二十条　体育场馆开展无形资产开发、房屋出租等经营，应引入第三方评估，并采用公开招标或竞争性谈判等方式确定合作对象和价格等内容。

体育场馆运营单位应当加强合同管理，规范合同签订、履行、变更和终止，相关协议涉及本办法有明确规定事项的，需在合同中约定。

体育场馆运营单位应当加强合同履行监管,及时制止擅自变更经营业态、擅自转租等行为,必要时按法定程序中止或解除合同。

第二十一条 体育场馆运营单位应当将运营经费纳入预算管理,并严格遵守国家相关财务规范,健全财务管理制度和体系,规范预算、收支和专项资金使用。

第二十二条 体育场馆运营单位应加强能源管理,采取节能措施,降低单位能耗,节约运营成本。

鼓励体育场馆运营单位引入环卫、安保、工程、绿化等专业服务机构,提升场馆区域范围内物业管理和服务的专业化水平。

鼓励有条件的场馆配备全面视频监控,实行动态管理,场地等重要场所监控录像保留时间不低于30日。

第二十三条 体育场馆运营单位应当公示服务内容、开放时间、收费项目和价格、免费或低收费开放措施等内容。除不可抗力外,因维修、保养、安全、训练、赛事等原因,不能向社会开放或调整开放时间的,应当提前7日向公众公示。

第四章　监督管理

第二十四条 体育主管部门应当加强对体育场馆运营管理工作的监督,建立健全科学合理的体育场馆运营监督管理责任制,并将工作监督和管理责任落实到具体部门;加大对体育场馆运营管理工作的指导力度,提供必要的培训等服务。

第二十五条 体育主管部门应当建立健全财政资金补贴体育场馆开放服务的长效机制和政府购买公共体育服务的具体办法,保障体育场馆正常运行。

体育主管部门应当制定本级体育场馆运营目标和公共服务规范,开展运营目标考核和综合评价,并将运营目标完成情况和综合评价结果与预算资金安排、财政补贴或奖励、政府购买公共服务等经费安排、人员考核与晋升等挂钩。

第二十六条 体育场馆运营单位利用国有资产对外投资、出租和出借的,应当从经济效益、经营业态、形象信誉、安全风险等方面进行必要的可行性论证,并按照国家和当地国有资产管理规定,根据资产总额的相应权限要求进行报批或备案。

第二十七条 体育场馆运营单位应当将场馆的名称、地址、服务项目等内容报本级体育主管部门备案,并于下一年度1月31日前向本级体育主管部门报告以下事项:

(一)场馆设施总体使用情况;

(二)主要经营内容和服务项目调整情况;

(三)对外开放时间及免费或低收费开放情况;

(四)体育赛事活动及非体育类活动举办情况;

(五)商业经营开发情况;

(六)场馆无形资产开发情况。

第五章　附　　则

第二十八条　鼓励建立体育场馆社会组织，发挥行业组织在制定行业标准、强化行业自律、维护行业权益方面的作用。

第二十九条　本办法自2015年2月1日起施行。

（文件来源：国家体育总局网站）

附录三

各省、市、自治区关于“全民健身活动中心”地方政策条款摘要

序号	省、市、自治区	相关政策	相关条款
1	北京市	北京市人民政府关于加快发展体育产业促进体育消费的实施意见(京政发[2015]36号)	推动公共体育设施建设和开放利用。严格落实本市居住公共服务设施配置指标有关规定,加快建设一批便民利民的中小型体育场馆、公众健身活动中心、户外多功能球场、健身步道等设施,打造“15分钟健身圈”。强化资源整合,充分开发利用城市公园、郊野公园、户外广场、公共绿地等空间资源,建设体育健身活动场所。盘活存量资源,改造旧厂房、仓库、老旧商业设施等用于体育健身。鼓励社会力量建设小型化、多样化活动场所和健身设施,鼓励可拆装式游泳池、可拆装式体育场馆等体育设施建设。加强体育服务标准化建设评估工作。加快推进企事业单位和学校体育场馆向社会开放,积极推动各级各类公共体育设施免费或低收费开放。(责任单位:市规划委、市发展改革委、市教委、市财政局、市质监局、市体育局、市园林绿化局、各区县政府)
		北京市“十三五”时期体育发展规划(京体办字[2017]15号)	推进健身场地设施建设。严格落实本市居住公共服务设施配置指标有关规定,确保新建住宅小区配建全民健身设施与住宅建设同步实施、同步验收、同步交付使用。新建篮球、乒乓球、门球等健身场地650片,加快建设一批群众身边的公众健身活动中心、户外多功能球场、健身步道等设施,形成满足群众日常健身需求、以“15分钟健身圈”为基础的全民健身设施网络。鼓励社会力量建设小型化、多样化活动场所和健身设施
2	天津市	天津市人民政府关于加快发展体育产业促进体育消费的实施意见(津政发[2015]18号)	完善体育设施建设。各区县达到一场(体育场)、一池(游泳馆)、一馆(体育馆)、一中心(全民健身中心)和一公园(体育公园)的“五个一”建设标准,建成“15分钟健身圈”。建成200个突出足球项目的综合性社区多功能运动场。 政府以购买服务等方式,鼓励社会力量建设小型化、多样化健身活动场所和健身设施。 新建居住区和社区应按相关的国家、行业标准及《天津市居住区公共服务设施配置标准》(DB/T 29-7—2014)配置群众健身相关设施,确保我市新建居住区群众健身相关设施配套达到室内人均建筑面积0.1平方米以上或室外人均用地0.3平方米以上

续表

序号	省、市、自治区	相关政策	相关条款
2	天津市	天津市体育事业发展"十三五"规划	坚持群众体育与全运同行，抓住筹办全运会的历史机遇，提高群众的体育意识，培养群众的健身习惯，让更多的人享受体育发展的成果。深入贯彻落实"全民健身上升为国家战略"的重大决策。以实施"全运惠民工程"为重要平台，推动群众体育全面上升。强化公共体育服务职能，建立完善以设施建设、组织建设、活动开展、健身指导、健身服务、科学评估等为主要内容的全民健身公共服务体系。全民健身活动内容更加丰富，群众健身更加方便，市民身体素质和健康水平明显提高。到2020年，全市各区基本建成全民健身"五个一工程"(一个体育馆、一个体育场、一个游泳馆、一个全民健身中心、一个体育公园)，人均体育场地面积达到2.4平方米以上，经常参加体育锻炼的人数比例达到45%左右，达到《国民体质测定标准》优秀人数的比例明显增加
3	河北省	河北省人民政府关于加快发展体育产业促进体育消费的实施意见(冀政发[2015]27号)	加强体育基础设施建设。各级政府要把体育设施建设纳入城镇化发展规划，完善省、市、县(市、区)、乡(镇、街道)、村(居民小区)五级体育场馆(地)设施网络。进一步加大投入，到2025年，每个设区市都要建成一座高标准的体育中心和全民健身中心，同时建设一批户外多功能球场、健身骑行步道等健身设施。 新建居住区和社区，要按室内人均建筑面积不低于0.1平方米或室外人均用地不低于0.3平方米标准配套健身设施，并与住宅区主体工程同步设计、同步施工、同步投入使用。凡老城区与已建成居住区无健身设施的，或现有设施达不到要求的，要通过改造予以完善
4	山西省	山西省人民政府关于加快发展体育产业促进体育消费的实施意见(晋政发[2015]32号)	各级人民政府要结合城镇化发展统筹规划体育设施建设，合理布点布局，重点建设一批便民利民的中小型体育场馆、公众健身活动中心、户外多功能球场、健身步道、自行车专道等场地设施。 在设区的市的城市社区建设"15分钟健身圈"，县城的社区建设10分钟健身圈，新建社区的体育设施覆盖率达到100%。 严格审批程序和执法监督，确保新建居住区和社区要按相关标准规范配套群众健身相关设施，按室内人均建筑面积不低于0.1平方米或室外人均用地不低于0.3平方米的标准配置体育设施，并与住宅区主体工程同步设计、同步施工、同步投入使用。凡老城区与已建成居住区无群众健身设施的，或现有设施没有达到规划建设指标要求的，要通过改造等多种方式予以完善

续表

序号	省、市、自治区	相关政策	相 关 条 款
4	山西省	山西省"十三五"体育事业发展规划(晋发改规划发[2016]508号)	加强体育健身设施的建设和管理。按照统筹安排、合理布局、安全规范、方便群众的原则,加强群众身边的体育健身设施的建设和管理。在设区的市的城市社区建设"15分钟健身圈",在县城社区建设"10分钟健身圈",严格落实新建居住区和社区体育设施建设与主体工程同步设计、同步施工、同步投入使用的规定,实现新建社区的体育设施覆盖率达到100%。进一步推进全民健身"6565四级工程"建设,推进营地、步道、绿道建设,推广季节性、可移动、可拆卸的健身设施。支持老少边穷地区体育健身设施建设,实现市、县(市、区)全民健身活动中心覆盖率超过70%,城市街道、社区和乡镇室外健身设施建设比例超过80%。大力推进山西省全民健身活动中心规划、改建工作,推进大同航室运动学校迁建工程。落实国家财税优惠政策,完善和创新建设模式,支持社会资本建设体育场地设施。探索建立中小型体育场馆免费、低收费开放补助机制,推动各级各类公共体育设施免费或低收费开放。加快推进企事业单位的体育设施向社会开放。建立完善政府补偿和购买责任保险的相关政策,推动学校体育设施向公众开放。 专栏1:"6565四级工程" 市级"六个一工程",即"一个综合体育场、一个综合体育馆、一个游泳馆、一个大(中)型全民健身活动中心、一个全民健身户外活动基地(大型体育主题公园)、一个国民体质监测中心"。县(区、市)级"五个一工程",即"一个标准体育场(田径场)、一个体育馆、一个中(小)型全民健身活动中心、一个体育主题公园(或健身休闲基地)、一个国民体质监测中心",提倡有条件的县(区、市)建设融综合体育馆、全民健身活动中心、游泳池、体质测定中心于一体的综合全民健身中心。街道(乡镇)级"六个一工程",即"建立一个小型全民健身活动中心(全民健身活动广场或多功能运动场)、一个健身组织网络(健身指导站、体育协会、体育俱乐部)、一批晨(晚)练点、一支社会体育指导员队伍、一个特色体育项目、一个国民体质监测站"。社区(行政村)级"五个一工程",即"建立一个适合社区(农村)特点的体育场地设施(多功能运动场)、一个健身组织(体育队伍、社区体育俱乐部等)、一个传授体育技能的社会体育指导员(组)、一个群众喜闻乐见的体育项目、一套体育活动和设施管理的长效机制"。

续表

序号	省、市、自治区	相关政策	相关条款
5	内蒙古自治区	内蒙古自治区人民政府关于加快发展体育产业促进体育消费的实施意见(内政发[2015]116号)	将各类体育设施建设纳入城乡规划,合理布点布局,重点建设一批满足群众多元化需求的中小型体育场馆、健身活动中心、户外多功能球场、健身步道等场地设施。盘活存量资源,改造旧厂房、仓库、老旧商业设施等用于体育健身。鼓励社会力量建设小型化、多样化的活动场馆和健身设施,政府以购买服务等方式予以支持。在城市社区建设“15分钟健身圈”,有条件的地方可建设“10分钟健身圈”“5分钟健身圈”。新建社区体育设施覆盖率达到100%。推进实施农牧民体育健身工程,苏木乡镇、嘎查村公共体育健身设施覆盖率达到100%。 新建居住区和社区要按相关标准规范配套群众健身相关设施,按室内人均建筑面积不低于0.1平方米或室外人均用地面积不低于0.3平方米执行,并与住宅区主体工程同步设计、同步施工、同步验收、同步投入使用。凡老城区与已建成居住区无群众健身设施的,或现有设施没有达到规划建设指标要求的,要通过改造等多种方式予以完善。 优先保证公共体育基础设施建设用地需求,符合土地利用总体规划的,优先予以保障土地利用年度计划。对于已列入划拨用地目录内的项目,可以划拨方式使用土地。各盟市、旗县(市、区)存量建设用地和收购储备的土地可优先安排体育产业建设项目使用
		内蒙古自治区“十三五”体育事业发展规划(内政办发[2016]206号)	完善全民健身设施建设。打造“10分钟健身圈”,新改扩建的居民区,按照人均室内不低于0.1平方米或者室外不低于0.3平方米的标准配套建设体育健身设施,并与主体工程同步设计、同步施工、同步投入使用。盘活存量资源,改造一批旧厂房、仓库、老旧商业设施等用于体育健身。加强城乡结合地和公园、绿地、广场等公共场所的体育设施建设。高标准完成中央资金支持的全民健身设施建设项目,实施基础设施建设提档升级工程,建设一批社区多功能运动场。实现旗县(市、区)全民健身活动中心、苏木乡镇小型全民健身活动中心、嘎查村全民健身活动站点全覆盖。在苏木乡镇建设一批小型全民健身馆

续表

序号	省、市、自治区	相关政策	相关条款
6	辽宁省	辽宁省人民政府关于加快发展体育产业促进体育消费的实施意见(辽政发[2015]34号)	完善体育基础设施。各市要统筹规划体育设施建设,合理布局,加快全民健身场地设施建设,重点加强公园专项体育设施和社区活动场地设施建设,升级改造一批便民利民的中小型体育场馆、公众健身活动中心、户外多功能球场、健身步道等场地设施。强化资源整合,充分开发利用城市公园、公共绿地、郊野公园、沿河沿湖沿水库堤坝滩地、老矿区、矸石山及城市空置场所等,建设群众体育健身设施。 将公共体育设施和体育产业发展用地纳入城乡规划、土地利用总体规划和年度用地计划,对重点体育产业项目建设用地给予优先支持。新建居住区和社区要按相关标准和规范配套建设群众健身相关设施,按室内人均建筑面积不低于0.1平方米或室外人均用地不低于0.3平方米执行,并与住宅区主体工程同步设计、同步施工、同步投入使用。通过多种方式改造和完善已建成居住小区的健身设施
		辽宁省体育事业发展"十三五"规划	丰富市场供给。完善体育基础设施,在全省各市建有"一场三馆一中心"(体育场、综合体育馆、游泳馆、网球馆和全民健身活动中心)的基础上,进一步加强公园专项体育设施和社区活动场地设施建设,升级改造一批便民利民的中小型体育场馆、公众健身活动中心、户外多功能球场、健身步道等场地设施。强化资源整合,充分开发利用城市公园、公共绿地、郊野公园、沿河沿湖沿水库堤坝滩地城市空置场所等建设群众体育健身设施。挖掘我省老工业基地的潜力,盘活存量资源,改造旧厂房、仓库、老旧商业设施等用于体育健身。发展体育休闲项目,充分利用气候和地理条件优势,积极开展冰雪运动项目。支持有关地区利用独特的地理、空间等条件,发展航空体育运动、特色体育休闲项目、滨海体育旅游和健身活动、民族特色体育活动等。丰富体育赛事活动,加强与国际、国内体育组织和各类体育协会的合作,积极引进和申办国际一流和高等级重大国际国内体育赛事。积极探索自主品牌体育赛事的培育,创建俱乐部和运动队联盟。鼓励机关团体、企事业单位和大中小学校广泛举办各类体育比赛,支持体育社会组织等社会力量举办群众性体育赛事活动。完善赛事产业链,开发赛事衍生产品,发挥赛事综合拉动效应

续表

序号	省、市、自治区	相关政策	相关条款
7	吉林省	吉林省人民政府关于加快发展体育产业促进体育消费的实施意见（吉政发[2015]50号）	大力开展全民健身活动，积极引导各地因地制宜发展滑冰、滑雪、武术、体育舞蹈、冬季龙舟、漂流、垂钓、登山、自行车、汽车自驾游、拓展、健身、健美等体育健身娱乐运动项目。倡导开展适合老年人特点的休闲运动项目。通过发展体育健身娱乐项目，营造健身氛围，丰富市场供给。 通过加大投入，建设一批便民利民的中小型体育场馆、全民健身活动中心、户外多功能运动场等设施，改造旧厂房、仓库、老旧商业设施等用于体育健身。鼓励社会力量建设小型化、多样化活动场馆和健身设施。在城市社区建设“15分钟健身圈”，新建社区的体育设施覆盖率达到100%。国民体质监测站点在市（州）、县（市）实现全覆盖，全民健身路径在街道、社区、行政村实现全覆盖，乡镇农民健身工程实现全覆盖。 将体育设施用地纳入城乡规划、土地利用总体规划和年度用地计划，合理安排用地需求。新建居住区和社区要按室内人均建筑面积不低于0.1平方米或室外人均用地不低于0.3平方米标准，配套建设群众健身相关设施，并与住宅区主体工程同步设计、施工、投入使用。凡老城区及已建成居住区无群众健身设施的，或现有设施没有达到规划建设标准的，要通过改造等多种方式予以完善
		吉林省体育发展“十三五”规划	抓好重大工程规划和建设。推进实施事关全省体育发展的重大工程的规划和建设。一是完善吉林省体育训练基地；二是力争到2020年实现各市州均建有滑冰馆；三是建设吉林省青少年体育活动中心；四是建设吉林省足球训练基地；五是吉林北大壶滑雪场、长春莲花山滑雪场、长白山高原冰雪训练基地要根据备战北京冬奥会训练比赛需要进行改扩建；六是资助市县全民健身场馆的建设；七是支持吉林体育学院规划建设冰雪体育用品研发中心
8	黑龙江省	黑龙江省人民政府关于加快发展体育产业促进体育消费的实施意见（黑政发[2015]24号）	创新体育场馆管理运营机制。各类体育场馆要积极推进管理体制改革和运营机制创新。支持和鼓励城市社区建设集培训、健身、竞赛、表演、康复等于一体的体育健身服务综合体。 加强体育设施建设。在城市社区建设“15分钟健身圈”，新建社区的体育设施覆盖率要达到100%。推进实施农民体育健身工程，在乡镇、行政村实现公共体育健身设施100%全覆盖。 非经营性的体育技校、职业培训学校、大中专体育院校或体育科研院所的土地，可按照相关规定无偿划拨使用。在基建过程中，各相关部门要积极配合并给予相关优惠政策。 新建居住区和社区要按相关标准配套群众健身设施，按室内人均建筑面积不低于0.1平方米或室外人均用地不低于0.3平方米执行，并与住宅区主体工程同步设计、同步施工、同步投入使用

续表

序号	省、市、自治区	相关政策	相关条款
9	上海市	上海市人民政府关于加快发展体育产业促进体育消费的实施意见(沪府发[2015]26号)	完善健身设施。加强体育场地设施的科学规划与布局,推进实施《上海市公共体育设施布局规划(2012—2020年)》,制定公共体育设施中远期规划。重点建设一批便民利民的中小型体育场馆、市民健身活动中心、户外多功能球场、健身步道等场地设施,新建500片足球场地。 鼓励社会力量建设小型化、多样化的活动场馆和健身设施,引导社会力量盘活现有存量资源,改造旧厂房、仓库、老旧商业设施等用于体育健身。在有条件的商务楼宇、闲置场地和建筑物屋顶、地下室等区域设置体育设施。在城市社区建设"15分钟生活圈",新建社区的体育设施覆盖率达100%。鼓励公共体育设施免费或低收费开放,加快推进企事业单位等体育设施向社会开放,稳步推进学校体育场馆向社会开放,鼓励经营性体育场馆向社会公益开放
		上海市体育改革发展"十三五"规划(沪府发[2016]52号)	进一步完善社区体育健身设施。合理布局全民健身设施,充分利用社区、沿江、公园、林带、屋顶、人防工程、办公楼宇、旧厂房、仓库、老旧商业设施等,并与教育、卫生、文化等功能设施相融合,重点建设一批便民利民的中小型体育场馆、市民健身活动中心、户外多功能球场、健身步道、自行车健身绿道等场地设施,形成"15分钟生活圈"。鼓励社会力量投入建设和运营管理小型化、多样化的活动场馆和健身设施。充分挖掘现有设施的潜力,完善相关政策措施,积极推动各级各类公共体育设施免费或低收费开放,体现公益性特征。坚持建管并举,建立健全社区、单位公共体育设施管理机制,提高公共体育设施的完好率、利用率和开放率
10	江苏省	江苏省人民政府关于加快发展体育产业促进体育消费的实施意见(苏政发[2015]66号)	统筹规划、科学布局、均衡配置城乡公共体育设施,重点建设一批便民利民的中小型体育场馆、全民健身活动中心、户外多功能球场和健身步道,推广拆装式游泳池、笼式足球场、三人制篮球场等新型场地设施。大力推进城市社区"10分钟健身圈"建设,积极推动农民体育健身工程提档升级,鼓励基层社区文化体育设施共建共享。合理利用郊野公园、城市公园、公共绿地及城市空置场所等建设群众体育设施,盘活社会存量资源用于体育健身,鼓励社会力量建设小型化、多样化的场馆设施。完善公共体育设施使用规范、安全管理、更新维护等办法,健全室外健身器材配备管理制度。 住建、规划和体育部门要进一步完善居住区和社区体育设施配套标准规范,新建居住区和社区按室内人均建筑面积不低于0.1平方米或室外人均用地不低于0.3平方米的标准配套群众健身相关设施。有关职能部门要加强体育设施竣工验收和执法检查,对发现未达标准而通过验收、验收合格后改变用途导致不达标等情形的,要严肃追究责任。未配置群众健身设施或现有设施未达到规划建设指标要求的老城区与已建成居住区,要通过改造等多种方式予以完善。各地要优先支持利用城市空间建设体育设施,保障公共体育设施、重点体育产业项目建设用地

续表

序号	省、市、自治区	相关政策	相关条款
10	江苏省	江苏体育发展"十三五"规划(苏体办[2016]70号)	加强基本公共体育服务。认真总结公共体育服务体系示范区创建经验,进一步提升公共体育服务内涵和结构,制定《江苏省公共体育服务体系指标体系2.0》,不断提升均等化、全覆盖水平,促进公共体育服务可持续发展。结合新型城镇化建设要求,颁布实施《江苏省公共体育设施建设基本标准》,制定《公共体育服务与新型城镇化建设指导意见》,统筹规划、科学布局、均衡配置城乡公共体育设施。重点建设一批便民利民的中小型体育场馆、全民健身活动中心、户外多功能运动场,推广拼装式游泳池、笼式足球、三人制篮球场等新型场地设施,建成一批体育公园和户外健身营地,加快构建城郊及乡村自行车道、健身步道等慢行交通网络,优化城市社区"10分钟健身圈"服务功能,打造一批省级体育公园。发挥基层综合性文化服务中心作用,推动基层体育设施与文化设施对接融合。实施体育精准扶贫,加大对农村和经济薄弱地区公共体育设施建设扶持力度,补齐基本公共体育服务短板。推进各级各类公共体育设施在特定时段和空间免费或低收费开放,建立节假日体育竞赛和全民健身活动信息发布制度。推动学校等企事业单位体育设施向社会开放。强化体育设施向社会开放管理,不需要增加投入或者专门服务的公共体育设施免费向社会开放,有偿向社会开放的公共体育设施对学生、残疾人、老年人和军人优惠开放。推动体育设施和活动与自然生态协调发展,支持宿迁打造生态体育城市
11	浙江省	浙江省人民政府关于加快发展体育产业促进体育消费的实施意见(浙政发[2015]19号)	体育设施供给明显增加,人均体育场地面积超过2.25平方米;新建足球场地500片以上,实现全省90%以上乡镇建有足球场;新建或改建社区中小型多功能运动场馆2 000个,新建社区与行政村的体育设施覆盖率达到100%。 优化体育场地设施的规划与布局,重点建设一批便民利民的社区中小型多功能运动场馆等全民健身设施。合理利用郊野公园、城市公园、公共绿地及空置场所等建设体育健身场地和设施。开发健身步道、自行车绿道等慢行交通系统,引导发展登山步道、徒步骑行服务站、汽车露营营地、航空飞行营地、帆船游艇码头等户外场地设施。支持社会力量建设小型、多样的运动场地设施。 各地要将体育设施用地纳入城乡规划、土地利用总体规划和年度用地计划,合理规划建设群众体育设施、竞技体育设施和体育赛事场馆。新建居住区和社区要按室内人均建筑面积不低于0.1平方米或室外人均用地不低于0.3平方米标准,配套建设群众健身相关设施,并与住宅区主体工程同步设计、同步施工、同步投入使用。各级城乡规划部门在审查审批公共配套服务设施规划设计方案时,应征求同级体育主管部门的意见。老城区及已建成居住区无群众健身设施的,或现有设施没有达到规划建设标准的,要通过改造等多种方式予以完善。社区体育设施用地应按一定人口密度配套供给

续表

序号	省、市、自治区	相关政策	相关条款
11	浙江省	浙江省体育产业发展“十三五”规划(浙体经[2016]311号)	推进浙江省全民健身活动中心、杭州市全民健身活动中心等全民健身场馆的续建或新建工作。重点建设一批便民利民的中小型体育场馆、健身活动中心、户外多功能球场等场地设施。推进落实《浙江省足球场地设施建设规划》,鼓励社会力量建设小型化、多样化的足球场地设施。 引导发展户外运动场地设施。全省规划建设各类健身步道5 000千米、运动休闲驿站100个、汽车露营基地50个、航空飞行营地2个以上、帆船游艇码头8个以上。积极推广政府和社会资本合作(PPP)模式,鼓励社会资本参与体育场馆建设与运营
12	安徽省	安徽省人民政府关于加快发展体育产业促进体育消费的实施意见(皖政[2015]67号)	城市社区建设“15分钟健身圈”,新建社区的体育设施覆盖率达到100%。加快农民体育健身工程建设步伐,在乡镇、行政村实现公共体育健身设施全覆盖。 各地要将体育设施用地纳入城乡规划、土地利用总体规划和年度用地计划,合理安排用地需求。各级体育主管部门要进入同级政府的规划委员会。重大体育产业项目应列入省重点项目库,各级政府要统筹安排项目建设用地。新建居住区和社区要按相关标准规范配套群众健身相关设施,按室内人均建筑面积不低于0.1平方米或室外人均用地不低于0.3平方米执行,并与住宅区主体工程同步设计、同步施工、同步验收、同步投入使用。老城区和近年已建成居住区无群众健身设施的,或现有设施没有达到规划建设指标要求的,要通过增加和改造等方式予以完善
		安徽省体育发展“十三五”规划纲要(皖体政[2016]17号)	推进体育设施现代化。省级规划建设新体育中心和全民健身活动中心,建设完善国家和省级综合型体育基地。推进市级“五个一”、县级“五个一”公共体育设施建设。推行公共体育场馆设计、建设、运营管理一体化模式,增强大型体育场馆复合经营能力,打造城市体育服务综合体。 专栏2:公共体育设施建设目标 省级:在滨湖新区建设新体育中心;在芜湖路体育局大院建设省级全民健身活动中心。 市级:50%以上省辖市建成中型体育馆、中型体育场、中小型游泳馆、综合型多功能全民健身活动中心和体育公园,达到承办全省综合性体育运动会的设施标准。 县级:50%以上县(市、区)建成中小型体育馆、中小型体育场、标准游泳设施、中小型全民健身活动中心和体育公园。其中:100%建成中小型全民健身活动中心,100%建成公共体育场(含标准足球场),达到承办全市综合性体育运动会的设施标准。

续表

<table>
<tr><th>序号</th><th>省、市、自治区</th><th>相关政策</th><th>相 关 条 款</th></tr>
<tr><td rowspan="2">13</td><td rowspan="2">福建省</td><td>福建省人民政府关于加快体育产业发展促进体育消费十条措施的通知(闽政[2015]40 号)</td><td>扩充体育场馆资源。加强公共体育场馆、全民健身活动中心、户外多功能球场和健身步道建设,推广三人制篮球场、五人制足球场等新型场地设施,省级财政每年安排不少于 7 000 万元予以支持。在城市社区建设"15 分钟健身圈",新建社区的体育设施覆盖率达到 100%。推进实施农民体育健身工程,在乡镇、行政村实现公共体育健身设施 100%全覆盖</td></tr>
<tr><td>福建省"十三五"体育事业发展专项规划(闽体[2016]563 号)</td><td>列入我省"十三五"体育事业发展专项规划滚动管理的重点项目和储备项目共计 51 个,投资估算约 181 亿元。其中省级重点建设项目 5 个:漳州国家女排训练基地二期、长乐滨海体育中心二期、平潭海峡两岸青少年体育训练基地一期、贵安国家游泳训练基地二期、南安激流回旋训练基地,投资估算约 14.14 亿元;各设区市储备项目 46 个(1 亿元以上项目),投资估算约 166.78 亿元。
<table>
<tr><th>序号</th><th>地区</th><th>项目名称</th><th>项目单位</th><th>投资估算(万元)</th><th>进度安排</th><th>类型</th></tr>
<tr><td colspan="7">储备项目</td></tr>
<tr><td>16</td><td>南安市</td><td>南安市体育中心群体健身中心</td><td>南安市文体新局</td><td>26 590</td><td>2016—2018 年</td><td>体育场馆建设类</td></tr>
<tr><td>18</td><td>晋江市</td><td>晋江市八仙山全民健身中心</td><td>晋江市文体新局</td><td>23 137</td><td>2015—2018 年</td><td>体育休闲健身类</td></tr>
<tr><td>24</td><td>泰宁县</td><td>泰宁县丹霞之城全民健身活动中心</td><td>泰宁县文体广电出版局</td><td>26 000</td><td>2015—2020 年</td><td>体育休闲健身类、体育旅游服务类</td></tr>
<tr><td>43</td><td>寿宁县</td><td>寿宁县体育健身中心</td><td>寿宁县人民政府</td><td>12 000</td><td>2015—2018 年</td><td>体育场馆建设类</td></tr>
</table></td></tr>
<tr><td>14</td><td>江西省</td><td>江西省人民政府关于加快发展体育产业促进体育消费的实施意见(赣府发[2015]40 号)</td><td>完善体育设施。各地要结合城镇化发展统筹规划体育设施建设,重点建设一批便民利民的中小型体育场馆、游泳馆、公众健身活动中心、户外多功能球(运动)场、健身广场、健身步道等场地设施。在城市社区建设"15 分钟健身圈",新建社区的体育设施覆盖率达到 100%,在乡镇、行政村实现公共体育健身设施 100%覆盖。
各地要将体育设施的用地纳入城乡规划、土地利用总体规划和年度用地计划。新建居住区和社区要按室内人均建筑面积不低于 0.1 平方米或室外人均用地不低于 0.3 平方米的标准配套群众健身相关设施,并与住宅区主体工程同步设计、同步施工、同步投入使用。老城区与已建成居住区无群众健身设施的,或现有设施没有达到规划建设指标要求的,要通过改造等多种方式予以完善。在老城区和已建成居住区中支持企业、单位利用原划拨方式取得的存量房产和建设用地兴办体育设施,对符合划拨用地目录的非营利性体育设施项目可继续以划拨方式使用土地</td></tr>
</table>

续表

序号	省、市、自治区	相关政策	相关条款
14	江西省	江西省体育发展“十三五”规划(赣体办字[2017]19号)	全民健身公共服务体系不断完善。到2020年,城乡居民身体素质逐步提高,经常参加体育锻炼人数达到全省总人数的34%,全省70%以上的县(市、区)建有全民健身活动中心,城市街道、乡镇健身设施覆盖率超过80%,行政村(社区)健身设施全覆盖,推进建设城市社区“15分钟健身圈”,人均体育场地面积达到1.8平方米。 专栏1:群众体育综合指标 至2020年,全省每周参加1次及以上体育锻炼的人数达到2 300万人,经常参加体育锻炼的人数达到全省总人口的34%;公益体育指导员人数达到7万人以上;70%以上的县(市、区)建有全民健身活动中心,城市街道、乡镇健身设施覆盖率超过80%,行政村(社区)健身设施全覆盖,推进建设城市社区15分钟健身圈,人均体育场地面积达到1.8平方米。
15	山东省	山东省人民政府关于贯彻国发[2014]46号文件加快发展体育产业促进体育消费的实施意见(鲁政发[2015]19号)	人均体育场地面积达到2.2平方米,城市社区建成“10分钟健身圈”,新建社区和乡镇、行政村公共体育设施覆盖率达到100%,基本实现体育公共服务全覆盖。 加快建设公共体育场地设施。编制《公共体育设施布局规划》和《公共体育设施建设规划》,将体育设施用地纳入城乡规划、土地利用总体规划和年度用地计划,合理安排用地需求,有计划地加快推进设施建设。重点建设便民利民的中小型体育场馆、公众健身活动中心、户外多功能球场、健身步道等场地设施,将赛事功能与赛后综合利用有机结合。充分利用城市公园、广场、绿地、河流、湖泊等资源,建设群众身边的体育健身场地。到2025年,各市建有体育场、体育馆、游泳馆和全民健身活动中心,各县(市、区)建有体育场、体育公园、全民健身活动中心,乡镇(街道)建有多功能运动场地,社区、行政村建有居民体育健身工程。 新建居住区和社区按室内人均建筑面积不低于0.1平方米或室外人均用地不低于0.3平方米的标准,配套群众健身设施,并与住宅区主体工程同步设计、同步施工、同步投入使用。加强体育设施竣工验收和执法检查,对发现未达标准而通过验收、验收合格后改变用途等情形的,严肃追究责任。凡老城区与已建成居住区无群众健身设施的,或现有设施没有达到规划建设指标要求的,通过改造等多种方式予以完善。鼓励基层社区文化体育设施共建共享

续表

序号	省、市、自治区	相关政策	相关条款
16	河南省	河南省人民政府关于加快发展体育产业促进体育消费的实施意见（豫政[2015]44号）	突出发展足球运动，大力推广校园足球和社会足球，制定全省足球场地建设规划，把兴建足球场纳入城镇化和新农村建设总体规划，明确刚性要求，由各级政府组织实施。因地制宜建设足球场，充分利用城市和乡村的荒地、闲置地、公园、林带、屋顶、人防工程等，建设一大批简易实用的非标准足球场。创造条件满足校园足球活动场地要求，加强中小学校园足球特色学校建设。大力发展游泳、羽毛球、乒乓球、网球等群众参与度高、适宜性强的体育项目。 2020年，每个省辖市和有条件的县（市）建成"两场三馆"[体育场、室外体育活动广场，体育馆、游泳馆（池）和全民健身综合馆]，2025年实现县（市）全覆盖。鼓励乡镇（街道）普遍建设公众健身活动中心或室外多功能运动场、灯光球场、笼式足球场等。在城市社区建设"15分钟健身圈"，推动新建居住区按要求建设体育场地，新建社区的体育设施覆盖率达到100%。实施适应群众需求和具有地域特点的农民体育健身工程，在乡镇、行政村实现公共体育健身设施100%全覆盖，提高现有农民体育健身工程设施使用率。 新建居住区和社区要按相关标准规范配套群众健身设施，按室内人均建筑面积不低于0.1平方米或室外人均用地不低于0.3平方米执行，并与住宅区主体工程同步设计、同步施工、同步投入使用，不得挪用或侵占。凡老城区与已建成居住区无群众健身设施，或现有设施没有达到规划指标要求的，要通过改造等多种方式予以完善。鼓励基层社区文化体育设施共建共享
		河南省体育发展"十三五"规划（豫体[2016]35号）	加强场地设施建设和管理。抓住河南省全民健身活动中心（省奥林匹克中心）列入全省"十三五"规划重点建设项目契机，统一规划，科学设计，加强协调，加快项目建设前期各项审批工作，力争2020年高质量完成一期工程项目建设，实现管理集约化、训练系统化、保障基地化，强化公共体育功能，成为弘扬先进体育文化的阵地。启动建设省体育中心综合体育馆工程，建设中原网球中心二期工程中心场地，与信阳市人民政府合力共建河南省水上运动训练基地。进一步加强城乡公共体育场地设施建设，加快体育场、室外体育活动广场、体育馆、游泳馆池和全民健身综合馆建设，做好管理、维护、改造、更新等工作，积极构建以省、省辖市大型体育场馆为主体，以县（市、区）场馆设施为支撑，以乡镇（街道）体育健身场所为基础，覆盖行政村（社区）的公共体育设施网络。支持和引导各级政府结合城镇化发展统筹规划体育设施建设，合理布点布局，重点建设一批便民利民的中小型全民健身场馆、户外全民健身活动中心、社区多功能运动场（足球、篮球项目为主）、拼装式游泳池、健身步道等场地设施，扶持革命

续表

序号	省、市、自治区	相关政策	相 关 条 款
16	河南省	（豫体［2016］35号）	老区和贫困地区健身场地设施建设。落实《全国足球场地设施建设规划》要求，全省各县级行政区至少建成2块标准足球场，有条件的新居住区要建成至少1块以上5人制足球场，建设、修缮足球场地达5 000块以上。扎实推动各级各类公共体育设施免费或低收费开放，加快推进企事业单位体育设施、学校体育场馆向社会开放
17	湖北省	湖北省人民政府关于加快发展体育产业促进体育消费的实施意见（鄂政发［2015］50号）	各级政府是公共体育设施建设的责任主体，要加大投入，支持公共体育设施建设。积极拓展公共体育设施建设资金来源渠道，广泛吸引社会力量参与体育基础设施投资，政府以购买服务等方式予以支持。构建“场馆＋四边＋绿道”的全民健身基础设施网，实现市州有综合体育馆或大型全民健身活动中心、县（市、区）有公共体育场、综合体育馆或中型全民健身活动中心，市（州）、县（市、区）有游泳馆（池）、体育公园（体育广场）和绿道，乡镇（街道）有综合性的小型体育场馆设施。在“山边、水边、路边、社区边”等老百姓身边的生活休憩空间，大力兴建灵活多样、亲民便民的体育场地设施，加强绿道规划建设。重点加强城市社区和农村行政村公共体育健身设施建设，加大城市社区乒羽球馆改造建设力度。打造城市社区建设“15分钟健身圈”，实现农村行政村体育设施全覆盖
18	湖南省	湖南省人民政府关于加快发展体育产业促进体育消费的实施意见（湘政发［2015］41号）	大力实施农民体育健身工程、乡镇农民体育工程、全民健身路径工程、城乡文体广场工程、城市社区体育户外广场工程。到2025年，基本实现各市州建成一场多馆的体育中心，各县市区至少建成1个体育馆和1个中小型全民健身活动中心，各乡镇建成1个室内健身室和1个室外健身场所，各行政村建成1个篮球场或1条健身路径，各城市社区均建成1个以上设施较为完善的体育健身场所。 将体育场馆设施用地纳入城乡规划、土地利用总体规划和年度用地计划，合理安排用地需求。规划国土部门在编制城乡规划、土地利用总体规划、地区控制性详细规划和年度用地计划时，要充分考虑体育设施建设需求，保证相关用地落实。建立居民小区配套建设公共体育健身场地设施的统一协调机制，体育部门与有关部门共同参与居民小区规划、设计、竣工验收工作。把建设公共体育健身场地和设施作为刚性要求纳入新建、改建、扩建居民小区设计与建设范围，按室内人均建筑面积不低于0.1平方米或室外人均用地不低于0.3平方米执行，并与住宅区主体工程同步设计、同步施工、同步验收、同步投入使用。凡老城区与已建成居住区无群众健身设施的，或现有设施没有达到规划建设指标要求的，要通过改造等多种方式予以完善。郊野公园、城市公园、公共绿地及城市空置场所等应建设群众体育设施，进一步扩大城市绿地活动空间。落实基层社区文化体育设施共建共享

续表

序号	省、市、自治区	相关政策	相关条款
18	湖南省	湖南省体育发展“十三五”规划（湘体字[2016]26号）	加大体育场地设施建设。到2020年，全省100%的市（州）、县（区）都建有全民健身活动中心，90%以上城市街道和农村乡镇建有便捷、实用的社区（乡镇）多功能运动场，农民体育健身工程实现全覆盖。合理利用户外营地、城市公园、公共绿地及空置场所等建设体育健身场地和设施。支持社会力量建设小型、多样的运动场地设施。开展冰雪运动设施建设试点。鼓励机关、学校等企事业单位的体育场馆设施向社会开放
19	广东省	广东省人民政府关于加快发展体育产业促进体育消费的实施意见（粤府[2015]76号）	加强规划引导，全面覆盖、重点建设“一圈双核四带多点”的体育产业布局，打造珠三角一小时体育圈，形成广州、深圳两个核心示范市，培育沿绿道、沿江、沿海、沿山体育产业带，建设覆盖面广、便利性强的点状体育产业功能区。 “多点”，指在广泛的城镇区域内建设和完善便利性强的点状体育产业功能区（含全民健身设施、社区体育公园、体育产业园区、体育旅游示范基地等），重点形成健身休闲、体育赛事、用品制造、运动康复等特色产业组团，形成体育产业和体育事业相互促进的良好局面。 各地要结合城镇化发展统筹规划体育设施，合理布点布局，重点建设一批便民利民的中小型体育场馆、公众健身活动中心、户外多功能球场、健身步道等场地设施。重点推进社区体育公园和社区体育中心、小型足球场建设，完善绿道体育配套设施。到2025年，全省各县（市、区）均至少建成一个设有篮球、足球、乒乓球、羽毛球、健身活动区等运动项目场地的社区体育公园，完成绿道体育设施配套，建成城市社区“15分钟健身圈”，实现新建社区及乡镇、行政村公共体育设施全覆盖。 新建居住区和社区要按室内人均建筑面积不低于0.1平方米或室外人均用地不低于0.3平方米的标准建设健身设施，配置社区体育公园、社区体育中心或社区科学健身指导站。老城区与已建成居住区群众健身设施不达标的，要通过改造、补建等多种方式予以完善，争取在2025年前实现体育设施全覆盖

续表

序号	省、市、自治区	相关政策	相 关 条 款
19	广东省	广东省体育发展“十三五”规划	全省人均体育场地面积达到2.5平方米以上。按照配置均衡、规模适当、方便实用、安全合理的原则，科学规划、统筹建设公共体育场地设施，着力构建县（市、区）、乡镇（街道）、行政村（社区）群众身边的公共体育场地设施网络和城乡“15分钟健身圈”，新建居住区和社区体育设施覆盖率达到100%。县（市、区）重点建设一批便民利民的中小型体育场馆、体育场、全民健身活动中心、全民健身广场（公园）、健身步道等符合无障碍建设标准的公共体育场地设施。城市社区重点建设社区体育公园、社区多功能运动场、小型足球场、三人制篮球场、健身步道、绿道等符合无障碍建设标准的公共体育场地设施。农村（社区）重点推动基层综合性文化体育服务中心、农村社区综合服务设施建设，在有条件的行政村增配体育设施，增加建设灯光标准篮球场、中小型足球场、健身路径、健身步道等，并向自然村延伸。结合“寻找南粤古驿道，讲述广东好故事”，办好围绕古驿道古村落的体育赛事，与住建、农委、教育、文化、旅游等部门一道推动开发南粤古驿道、古村落活化利用，以及农村户外体育健身步道建设。鼓励社会力量建设小型化、多样化的活动场馆和健身设施
20	广西壮族自治区	广西壮族自治区人民政府关于加快发展体育产业促进体育消费的实施意见（桂政发［2015］34号）	结合城乡发展，统筹规划、合理布局体育设施建设，推进城乡四级公共体育设施建设，社区体育设施要100%全覆盖，形成城市社区“10分钟体育健身圈”；乡镇、行政村体育设施100%全覆盖，形成量大面广的体育产业消费基础。重点实施农民体育健身工程；实施“国门风采”、左右江革命老区、珠江-西江经济带、广西21世纪海上丝绸之路等广西特色全民健身工程。重点建设一批便民利民的中小型体育场馆、公众健身活动中心、体育公园、户外多功能球场、健身路径等场地设施。充分利用城市公共空间和公园，建设休闲绿道、拆装式游泳池、笼式足篮球场等场地设施。 各地要将体育设施用地纳入城乡规划、土地利用总体规划和年度用地计划，合理安排用地需求。各级规划行政主管部门在编制新区、开发区及住宅小区规划和城市旧改方案时，要按相关标准规范配套群众健身相关设施。新建居住区和社区，按室内人均建筑面积不低于0.1平方米或室外人均用地不低于0.3平方米执行，并与住宅区主体工程同步设计、同步施工、同步投入使用。各地建设规划管理部门要强化设计审查和竣工验收阶段的监管，对体育设施建设不达标的，不予通过验收。凡老城区与已建成居住区无群众健身设施的，或现有设施没有达到规划建设指标要求的，要通过改造等多种方式予以完善。加强城市公共空间体育设施的建设与开发，充分利用郊野与城市公园、公共绿地、江河湖岸等空间建设群众体育场地设施。鼓励基层社区文体设施共建共享

续表

序号	省、市、自治区	相关政策	相 关 条 款
21	海南省	海南省人民政府关于加快发展体育产业促进体育消费的实施意见（琼府〔2015〕62号）	优先发展全民健身服务业。认真组织实施国务院《全民健身条例》和《国家体育锻炼标准》，多措并举，建设满足公众需求的设施体系，积极推动政府机关、企事业单位、学校、社区等各级各类公共体育场馆、设施免费或低收费开放。鼓励兴办体育健身俱乐部，带动全民健身消费。构建各级各类体育社会组织体系，加强社会体育指导员队伍建设，力争到2025年全省注册社会体育指导员达到总人口的1.5‰以上。 完善体育设施，优化服务体系。按照国家公共文化服务体系建设标准，统筹建设一批便民利民的中小型体育场馆、公众健身活动中心、户外多功能球场、健身步道等场地设施，努力形成省、市县、乡镇（街道）、村（社区）四级公共体育服务设施体系，逐步按照常住人口配置公共体育服务设施，不断扩大人民群众可以享受的公共体育服务资源。建立公益性体育场馆服务标准，完善政府对各类免费、低费提供公共服务体育场馆的补贴制度。 鼓励社会力量建设小型化、多样化的活动场馆和健身设施，引导社会力量盘活现有存量资源，改造旧厂房、仓库、老旧商业设施等用于体育健身。在有条件的商务楼宇、闲置场地和建筑物屋顶、地下室等区域设置体育设施。在城市社区建设“15分钟健身圈”，新建社区的体育设施覆盖率达100%。 各级政府要将体育设施用地纳入城乡规划、土地利用总体规划和年度用地计划，合理安排用地需求。对公共体育设施、重点体育产业项目等建设用地要给予优先支持。新建居住区和社区要按相关标准规范配套市民健身相关设施，按室内人均建筑面积不低于0.1平方米或室外人均用地面积不低于0.3平方米执行，并与住宅区主体工程同步设计、同步施工、同步验收、同步投入使用。凡老城区与已建成居住区无群众健身设施的，或现有设施没有达到规划建设指标要求的，要通过改造等多种方式予以完善
		海南省文化广电出版体育“十三五”发展规划	加强基层公共文化体育设施建设。强化市县（区）图书馆、文化馆、博物馆、标准剧场、实体书店、全民健身活动中心、公共体育场等建设，促进市县图书馆、文化馆全面达标。完善县、乡镇（街道）、村（社区）及农垦系统文化体育设施和活动场所建设，实现全省村村有文化室，实体书店乡镇全覆盖，各市县均有体育场、全民健身活动中心，因地制宜开展群众身边的健身活动。规划建设一批自行车绿道、登山步道、健身步道、户外营地，在城市社区建设“15分钟健身圈”，新建社区体育设施覆盖率达到100%。加强我省贫困地区公共文化体育设施建设。

续表

<table>
<tr><th>序号</th><th>省、市、自治区</th><th>相关政策</th><th>相关条款</th></tr>
<tr><td>21</td><td>海南省</td><td>海南省文化广电出版体育"十三五"发展规划</td><td>专栏5:基层公共文化体育设施建设项目
<table><tr><th>项目名称</th><th>建设内容</th></tr><tr><td>市县全民健身活动中心</td><td>加快推进县级全民健身活动中心建设,建筑面积为2 000～4 000平方米(根据各市县实际情况确定),用于室内体育健身面积不少于1 500平方米,至少可开展7种以上健身活动的社会民众健身场所。"十三五"实现全省各市县均建有全民健身活动中心。</td></tr></table></td></tr>
<tr><td rowspan="2">22</td><td rowspan="2">重庆市</td><td>重庆市人民政府关于加快发展体育产业促进体育消费的实施意见(渝府发[2015]41号)</td><td>加快构建市、区县、乡镇(街道)、村(社区)四级全民健身基础设施体系,合理布点布局,重点建设一批便民利民的中小型体育场馆、公众健身活动中心、户外多功能球场、健身步道等场地设施。盘活存量资源,改造旧厂房、仓库、老旧商业设施等用于体育健身。鼓励以市场化方式推进体育设施建设与营运。鼓励社会力量建设小型化、多样化的活动场馆和健身设施,政府以购买服务等方式予以支持。
结合新型城镇化发展规划,在编制《重庆市都市区公共体育设施布点规划》的基础上,编制市级和区县体育设施专项规划,将体育设施用地纳入城乡规划、土地利用总体规划和年度用地计划,合理安排用地需求。新建居住区和社区按相关标准规范配套群众健身相关设施,按室内人均建筑面积不低于0.1平方米或室外人均用地不低于0.3平方米执行,并与住宅区主体工程同步设计、同步施工、同步投入使用。凡老城区与已建成居住区无群众健身设施的,或现有设施没有达到规划建设指标要求的,通过改造等多种方式予以完善。充分利用郊野公园、城市公园、公共绿地及城市空置场所建设群众体育设施</td></tr>
<tr><td>重庆市体育发展"十三五"规划(渝府办发[2016]253号)</td><td>专栏3:体育健身设施建设
<table><tr><td>市级体育场馆建设工程:新建奥体中心综合馆(观众席位1.2万座)、奥体中心小球馆(观众席位6 000座)。完成大田湾体育场改造,恢复和完善大田湾全民健身活动中心的体育功能,改善大田湾片区的城市环境。
区县(自治县)公益性场馆池续建工程:续建和完善区县级体育场7座,体育馆3座,游泳池(馆)8座。
群众身边健身场地设施建设工程:新建40个区县级全民健身活动中心、40个城市体育公园,升级改造或新建2 500个农体工程、1 500个社区健身点、250个乡镇体育健身广场、200个社区多功能运动场和室内健身中心、50条全民健身登山步道。</td></tr></table></td></tr>
</table>

续表

序号	省、市、自治区	相关政策	相关条款
23	四川省	四川省人民政府关于加快发展体育产业促进体育消费的实施意见(川府发[2015]37号)	将各类体育设施建设用地纳入城乡规划、土地利用总体规划和年度用地计划,按规划布局建设。在城市社区建设“15分钟健身圈”,新建社区体育设施覆盖率达到100%。市(州)、县(市、区)全民健身活动中心2020年覆盖率达到80%,2025年实现100%全覆盖。街道(乡镇)、社区(行政村)体育健身设施2020年覆盖率达到70%,2025年实现100%全覆盖。盘活存量资源,改造旧厂房、仓库、老旧商业设施等用于体育健身,鼓励社会力量建设小型化、多样化的活动场馆和健身设施,政府以购买服务等方式予以支持。 新建居住区和社区要按相关标准规范配套群众健身相关设施,按室内人均建筑面积不低于0.1平方米或室外人均用地不低于0.3平方米执行并纳入建筑设计规范,与住宅区主体工程同步设计、同步施工、同步投入使用。对未达标准而通过验收的要追究相关责任。凡老城区与已建成居住区无群众健身设施的,或现有设施没有达到规划建设指标要求的,要通过改造等多种方式予以完善。 对公共体育设施、重点体育产业项目,在立项、报建、用地和配套建设等方面应给予优先支持。社会力量兴办的非营利性体育设施用地,可以划拨方式供地。严禁体育设施建设用地改变用途、容积率等土地使用条件去搞房地产开发
		四川省体育事业发展“十三五”规划(川体发[2016]4号)	加大公共体育设施建设力度。公共体育设施建设用地纳入市(州)、县(区)“十三五”建设规划和土地利用总体规划。按国家城市居住区规划设计规范标准,设计建设公共体育健身设施。推动县(市、区)“一场一馆一池”和城市社区“15分钟健身圈”建设,集中实施一批体育惠民帮扶项目,加大对革命老区、农村、民族、贫困地区公共体育设施建设力度,推动贫困地区县级公共体育设施达到国家标准。继续实施全民健身活动中心、农民体育健身工程、全民健身路径、城市社区多功能运动场等体育民生工程,在具备条件的地方,实现公共体育服务乡镇常住人口全覆盖和农民体育健身工程全覆盖。增加县、乡两级青少年儿童体育课外活动设施和场所。鼓励社会力量建设小型多样的活动场馆和健身设施

续表

序号	省、市、自治区	相关政策	相关条款
24	贵州省	贵州省人民政府办公厅关于加快发展体育产业促进体育消费的实施意见(黔府办发[2015]30号)	各地政府要将全民健身事业纳入国民经济和社会发展规划,结合城乡发展,统筹规划、合理布局体育设施建设,稳步推进城乡四级公共体育设施建设。市(州)政府所在城市要至少建成一个体育场、体育馆和游泳馆,建设一批城市全民健身活动中心,建设一批具有民族、民俗、民间特色,贴近群众生活的湿地公园、登山健身步道等户外公共体育设施。各地政府要通过财政补贴等形式,鼓励对旧厂房、仓库进行改造,盘活存量资源,建设体育设施。推进实施覆盖城乡的体育健身工程,新建城市社区的体育设施覆盖率达到100%;实现乡镇、行政村公共体育设施100%全覆盖。 各地要在土地利用总体规划和城乡规划中统筹考虑体育设施用地的需要,合理安排用地。按高限配置体育用地,优先保障非营利性机构用地。新建居住区和社区要按相关标准规范配套群众健身相关设施,按室内人均建筑面积不低于0.1平方米或室外人均用地不低于0.3平方米执行,并与住宅区主体工程同步设计、同步施工、同步投入使用。充分利用公园、广场及城市空置场所等建设群众体育设施,老城区与已建成居住区无群众健身设施的,或现有设施没有达到规划建设指标要求的,要通过新建、改造等多种方式予以完善
25	云南省	云南省人民政府关于加快发展体育产业促进体育消费的实施意见(云政发[2015]39号)	结合城镇化建设和“七彩云南全民健身工程的实施,统筹规划、合理布局公共体育设施,重点建设一批便民利民的中小型体育场馆、公众健身活动中心、户外多功能球场、健身步道等场地设施。增加、巩固体育服务内容,实现基层社区文化体育设施共建共享。盘活存量资源,改造旧厂房、仓库、老旧商业设施等用于体育健身。鼓励社会力量建设小型化、多样化的活动场馆和健身设施,政府以购买服务等方式予以支持。 体育设施用地必须符合城乡规划及土地利用总体规划,符合国家产业政策,合理安排用地需求,年度新增建设用地计划指标重点向体育基础设施用地倾斜,做到节约集约用地。新建居住区和社区按照有关标准规范配套群众健身体育设施,实现室内人均健身体育设施建筑面积不低于0.1平方米或室外人均用地不低于0.3平方米。凡老城区与已建成居住区无群众健身体育设施的,或现有健身体育设施没有达到规划建设指标要求的,要通过改造等多种方式予以完善。合理利用公园绿地、广场用地及城市空置场所等建设群众体育设施。鼓励基层社区文化体育设施共建共享

续表

序号	省、市、自治区	相关政策	相关条款
26	西藏自治区	西藏自治区人民政府关于印发西藏自治区全民健身实施计划（2016—2020年）的通知（藏政发[2016]75号）	创新公共体育场馆运营管理。在国家投资建设的基础上，利用景区、城市公园、公共绿地等空间建设休闲健身设施，将旧厂房、仓库等闲置资源改造为健身场地，推广多功能、季节性、可移动、可拆卸、绿色环保的健身设施，推进大型体育场馆向公众免费低收费开放，增加体育场地设施供给。 推进全民健身设施体系建设“再升级”。按照提速、扩面的要求，持续加大体育基础设施建设的投入力度，到2020年实现县（区）级全民健身活动中心（包括“雪炭工程”）全覆盖、农牧民体育健身工程全覆盖，人均体育场地面积达到1.8平方米。科学规划和统筹建设城市全民健身设施，大力扩充健身路径、健身步道、笼式足球、社区多功能运动场、晨晚练点等小型便民体育设施的数量，初步形成城市社区“15分钟健身圈”。因地制宜建设农牧区全民健身设施，在高寒地区重点安装室内低强度、娱乐性健身器材，在海拔适宜地区着重建设具有改善农牧区人居环境功能的体育场地，使体育发展成果惠及更多农牧民群众。全民健身主动融入精准扶贫工程，为扶贫搬迁集中安置点建设健身场地、配置健身器材
27	陕西省	陕西省人民政府关于印发省全民健身实施计划（2016—2020年）的通知（陕政发[2016]31号）	研究制订“全运惠民”工程实施方案，加大全民健身设施供给侧改革力度，不断提升全民健身设施供给能力和服务水平。省级将统筹协调各地各方资源和力量，扎实推进以800里秦川渭河沿岸全民健身长廊、县级公共体育场及全民健身活动中心、陕南移民搬迁点健身器材配置工程、美丽乡村健身器材配置及农民体育健身工程、社区多功能运动场、陕北革命老区红色健身步道及延河健身长廊、汉江沿岸全民健身长廊、丹江沿岸全民健身长廊、秦岭户外运动健身基地、冰雪运动场馆建设为重点的“十大惠民工程”，为城乡群众提供更多更好的健身设施条件。各市要充分利用废旧厂房、棚户区等产业升级改造遗留土地，在城市公园、广场、旅游景点，同步规划好体育健身设施场地，适时改造现有的公园、广场等公共场所，建设一批笼式足球、多功能健身场地等新型全民健身设施。市级有“一场两馆”（即：一个公共体育场、一个体育馆、一个游泳馆），县级有“三个一”（即：一个公共体育场、一个全民健身活动中心、一片室外运动场地），镇级有“三个一”（即：一个带看台的灯光球场、一片综合健身场地、一处室内健身用房），公园、社区有一个多功能健身场地，行政村、小区有配备健身器材的基本公共体育设施

续表

序号	省、市、自治区	相关政策	相关条款
27	陕西省	陕西省"十三五"体育事业发展规划	加强公共体育场地设施建设。编制《全省城镇社区"15分钟健身圈"建设规划》，建设以省、市、县(区)、乡镇(街道)、行政村(社区)五级公共体育场地设施为基础，行业、单位、社会等各类体育场地设施为补充，覆盖城乡的场地设施网络。重点实施800里秦川渭河沿岸健身长廊、县级公共体育场及全民健身活动中心、陕南移民搬迁点健身器材配置工程、美丽乡村健身器材配置工程、社区多功能运动场、陕北革命老区红色健身步道、汉江沿岸全民健身长廊、丹江沿岸全民健身长廊、延河沿岸全民健身长廊、秦岭户外运动健身基地、冰雪运动场馆等"十大惠民工程"。到2020年，新建社区公共体育设施覆盖率达到80%，乡镇和村级公共体育设施覆盖率达到70%，全省人均体育场地面积达到1.8平方米
28	甘肃省	甘肃省人民政府贯彻国务院关于加快发展体育产业促进体育消费若干意见的实施意见(甘政发[2015]14号)	加强体育设施建设。各级政府要结合城镇化发展统筹规划体育设施建设，合理布点布局，重点建设一批便民利民的中小型体育场馆、群众健身活动中心、户外多功能运动场、体育公园、健身步道等场地设施。盘活存量资源，改造旧厂房、仓库、老旧商业设施等用于体育健身。通过购买服务等方式引导和鼓励社会力量建设小型化、多样化的活动场馆和健身设施。在城市建设"10～15分钟健身圈"，新建社区的体育设施覆盖率达到100%。 加快重点体育项目建设。2015—2020年，争取全省每年建设1 000个以上村级农民健身场地、300条健身路径工程、50个笼式足球场。进一步提升全省"一市一馆""一县一中心""一乡一站""一村一场"等"四个一"工程建设标准。到2025年，每个市州建成田径场和体育馆、健身馆、游泳馆或滑冰馆等体育场馆设施为主的1场3馆，每个县市区建成多功能体育场、健身广场或体育公园、综合健身馆、小型体育馆2场2馆，每个乡镇、街道建成不少于4个体育项目的综合健身场馆，村级农民健身工程实现全覆盖，为人民群众提供更加多样、更加便利的体育健身场所和设施。省体育局要加快推进甘肃省体育馆、临洮体育训练基地、七里河体育场改建等重点体育项目建设。 各地、各有关部门要将体育设施用地纳入城乡规划、土地利用总体规划和年度用地计划，合理安排用地需求。新建居住区和社区要按相关标准配套群众健身相关设施，按室内人均建筑面积不低于0.1平方米或室外人均用地不低于0.3平方米执行，并与住宅区主体工程同步设计、同步施工、同步投入使用。凡老城区与已建成居住区无群众健身设施的，或现有设施没有达到规划建设指标要求的，要通过改造等多种方式予以完善。充分利用郊野、山地、沙漠、草原、城市公园、公共绿地及城市空置场所等建设群众体育设施。鼓励基层社区文化体育设施共建共享

续表

<table>
<tr><th>序号</th><th>省、市、自治区</th><th>相关政策</th><th colspan="3">相关条款</th></tr>
<tr><td rowspan="14">28</td><td rowspan="14">甘肃省</td><td rowspan="14">甘肃体育发展“十三五”规划(甘体政[2016]9号)</td><td colspan="3">“十三五”体育发展主要指标</td></tr>
<tr><td>主要指标</td><td>“十三五”规划目标。</td><td>属性</td></tr>
<tr><td>体育人口</td><td>经常参加体育锻炼的人数达到900万人。</td><td>约束性</td></tr>
<tr><td>体育场地</td><td>人均体育场地面积达到1.8平方米。</td><td>约束性</td></tr>
<tr><td>全民健身场地设施</td><td>全省每年建设2 000个村级农民体育健身工程、1 000套健身路径、100个笼式足球场，在城市社区全面建成“10～15分钟健身圈”，新建社区的体育设施全覆盖。</td><td>约束性</td></tr>
<tr><td>体质监测</td><td>城乡居民达到《国民体质测定标准》合格以上的人数比例达到92%以上。</td><td>预期性</td></tr>
<tr><td>体育社团组织</td><td>全省14个市(州)、86个县(市、区)全面推行体育社会组织“3＋X”模式，即体育总会、老年人体育协会、社会体育指导员协会和单项体育运动协会，乡镇(街道)和社区(行政村)全部成立农民体育协会和社会体育指导员协会。</td><td>约束性</td></tr>
<tr><td>社会体育指导员</td><td>全省社会体育指导员人数达到8万人。</td><td>约束性</td></tr>
<tr><td>晨、晚练站点</td><td>晨、晚练点和健身气功站点发展到1万个左右。</td><td>约束性</td></tr>
<tr><td>乡镇和社区体育健身中心</td><td>每年新建200个乡镇农民体育健身工程、乡镇和社区体育健身中心。</td><td>约束性</td></tr>
<tr><td>竞技体育</td><td>努力实现2017年第十三届全运会取得金牌3枚以上，2016年里约奥运会有4～5名运动员参赛，2020年东京奥运会力争夺得金牌。</td><td>预期性</td></tr>
<tr><td>青少年体育</td><td>国家高水平体育后备人才基地、国家单项奥林匹克后备人才基地发展到12个以上，国家级体育传统项目学校发展到16所，省级体育传统项目学校发展到140所，各级青少年体育俱乐部总量达到500个以上，青少年户外体育活动营地达到30个以上。</td><td>约束性</td></tr>
<tr><td>体育产业</td><td>体育消费总规模达到80亿元，冰雪运动场地发展到30家以上，体育彩票销售额累计达到100亿元。</td><td>约束性</td></tr>
</table>

续表

序号	省、市、自治区	相关政策	相关条款
29	青海省	青海省人民政府关于加快发展体育产业促进体育消费的实施意见（青政[2015]50号）	统筹规划公共体育设施建设，以基层为重点，加强基本公共体育服务标准化、均等化，合理布点布局，重点建设便民利民的非标准足球场地、中小型体育场馆、全民健身活动中心、户外多功能球场、自行车专道、健身步道等场地设施，逐步建立覆盖全省、功能齐全的全民健身设施网络。盘活存量资源，改造旧厂房、仓库、老旧商业设施等用于体育健身，鼓励社会力量建设小型化、多样化的体育活动场馆和健身设施。 对符合单独选址条件的重大体育产业项目，用地计划由省统筹优先安排。各级政府要将体育设施用地纳入城乡规划、土地利用总体规划和年度用地计划，合理安排用地需求。新建居住区和社区要按相关标准规范配套群众健身相关设施，按室内人均建筑面积不低于0.1平方米或室外人均用地不低于0.3平方米执行，并与住宅区主体工程同步设计、同步施工、同步投入使用。凡老城区与已建成居住区无群众健身设施的，或现有设施没有达到规划建设指标要求的，要通过改造等多种方式予以完善
30	宁夏回族自治区	宁夏回族自治区人民政府关于加快发展体育产业促进体育消费的实施意见（宁政发[2015]58号）	在全区空间发展规划基础上，结合城镇化发展统筹规划体育设施建设，合理布点布局，重点建设一批便民利民的中小型体育场馆、全民健身活动中心、户外多功能球场等设施。改造旧厂房、仓库、老旧商业设施等用于体育健身。鼓励社会力量建设小型化、多样化活动场馆和健身设施，政府以购买服务等方式予以支持。建设城市社区“15分钟健身圈”，新建居住区和社区按照《城市社区体育建设用地指标》配套建设体育设施，室内人均建筑面积不低于0.1平方米或室外人均用地不低于0.3平方米，覆盖率达到100%，并与住宅区主体工程同步设计、同步施工、同步投入使用
		宁夏回族自治区体育事业发展“十三五”规划	培育多元体育市场主体。着力扶持、培育一批拥有自主品牌、创新能力和竞争实力较强的骨干体育企业。探索引进国内外优质体育企业和产业项目，制定优惠政策鼓励各类社会资本在体育领域创新发展。加快发展健身休闲产业，鼓励支持发展体育策划咨询、体育中介服务、体育电子商务、体育会展、运动装备租赁等生活性服务业，努力培育和打造一批有影响力的职业体育俱乐部和品牌赛事。鼓励和引导社会力量兴办各类经营性专项体育健身场所，建设一批便民利民的中小型体育场馆、全民健身活动中心、户外多功能运动场等设施，切实增加体育场馆有效供给。探索推进公共体育场馆市场化运营，引导大型体育场馆拓宽服务领域，延伸配套服务

续表

序号	省、市、自治区	相关政策	相关条款
31	新疆维吾尔自治区	新疆维吾尔自治区人民政府关于加快发展体育产业促进体育消费的实施意见(新政发[2015]87号)	各地要结合城镇化发展,统筹规划,合理布局,新建一批便民利民的中小型体育场馆、群众健身活动中心、户外多功能球场、体育公园、健身步道等场地设施。要盘活存量资产,改造旧厂房、仓库、老旧商业设施等用于体育健身。鼓励社会力量建设小型化、多样化的体育活动场馆和健身设施。到2025年,在原有体育场馆设施建设基础上,每个地(州、市)、县(市、区)都要建立综合性全民健身活动中心,每个乡镇建设不少于4个体育项目的健身场馆,每个社区和行政村至少有一套体育设施器材;在城镇建设“10～15分钟健身圈”,在县级以上城市建设“20～30分钟健身圈”

全国体育标准化技术委员会
设施设备分技术委员会

全国体育标准化技术委员会设施设备分技术委员会(SAC/TC 456/SC 1)成立于2008年10月,是由国家标准化管理委员会、国家体育总局共同批准成立的专业标准化技术组织,主要负责体育设施设备领域(不含运动器材制造)标准化工作,并协助全国体育标准化技术委员会承担国际标准化组织相应技术委员会的国内对口工作,以及结合我国体育设施设备实际情况,认真研究国际标准和国外先进标准,加速体育设施设备标准的制修订工作,不断完善体育设施设备标准化体系,推动我国体育设施设备标准化工作持续发展,为推动体育事业和体育产业发展,建设体育强国提供标准技术支撑。

北京华安联合认证检测中心有限公司简介

北京华安联合认证检测中心有限公司是经国家体育总局、国家认证认可监督管理委员会批准成立的体育专业技术服务机构,承担国家体育总局体育设施建设和标准办公室、全国体育标准化技术委员会设施设备分技术委员会具体工作职能。主要从事体育设施设备政府标准(国家标准、行业标准、地方标准)和市场标准(团体标准、企业标准)制修订、体育服务认证、体育产品认证和第三方体育设施场地检测验收工作。

北京华安联合认证检测中心有限公司长期多次协助国家体育总局相关司局处室、部分运动项目管理中心、体育行业协会,完成各项公共服务、标准制定、政策研究、专题培训等技术服务工作,并根据企业关注方向,把握体育产业热点,以专业的教师资源提供高效优质的培训服务。

地址:北京市丰台区南三环中路15号院8号楼(100075)
电话:010-67687894　　传真:010-67687894
网址:www.hauc.cn
www.sport.gov.cn(国家体育总局-办事服务-体育服务认证)
微信:体育标准资讯与服务

南京万德集团 — 引领智慧体育公园新时代

始创于 1986 年，总部位于南京奥体中心，下设荷鲁斯文创公司、伍壹科技公司、溧水制造基地、香港公司及北美业务中心，客户覆盖全国所有省、市、自治区及全球 80 多个国家和地区，是肯德基、恒大、碧桂园、东方园林、维宁体育等知名企业的战略合作伙伴，现已发展成为集文创、科技、体育、游乐、运营、制造六大业务板块于一体的多元化产业集团，提供全人群智慧体育公园、智慧社区健身、智慧校园体育、冰雪运动、智慧游乐健身、智能化服务与管理六大解决方案。

全人群智慧体育公园采用“体育 + 科技”概念，
为全民健身带来个性化、科学化、智慧化的运动体验。

以基础健身设备为依托，从体育公园 APP、客流分析、无线 Wi-Fi 等网络及物联网设备获取运动数据，集成运动人群大数据平台，来分析和改善运动方式，给用户带来个性化、科学化、智慧化的运动体验；通过线下体育场地和智能器材结合线上互联网、大数据、云计算等科技，打造智能科学的全新体育运动场景，提供“O2O”一体化服务管理系统。

体育设备智能化

体育场地智能化

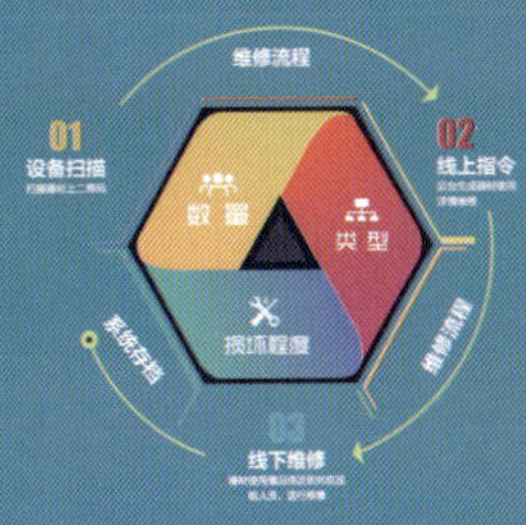

体育服务智能化

公司简介
COMPANY PROFILE

深圳市好家庭实业有限公司（以下简称"好家庭集团"），成立于1994年，是中国领先的运动与健康整体解决方案提供者。好家庭集团业务由公共体育、健身科技、TopSupport国际运动表现与康复中心组成。涵盖了公共体育设施设备，体育工程与体育地产，体育公园规划设计与施工，室外智能健身房与智能健身场馆建设，商业健身会所规划设计与设备提供，全民健身综合体规划设计与建设，智能健身房整体解决方案，竞技体育、体能训练康复解决方案与服务，室内外健身设备器材等领域。

公共体育

健身科技

体能训练

好家庭集团作为全国大型的公共体育和竞技体育整体服务解决方案服务商，是国家高新技术企业，拥有多项自主知识产权、100多项专利，在全国40多个城市设有分公司。2018年，好家庭集团品牌价值已达87亿元。

经过多年深耕细作，好家庭集团先后获得了中国驰名商标、中国名牌、国家体育产业示范单位、中国健身器材行业标志性品牌、中国设计红星奖、中国健身器材制造行业产品研发创新奖、广东省群众体育工作先进单位、中国奥委会标志使用特许企业、深圳市老字号等荣誉称号，对我国体育产业的发展建设做出了突出贡献。

• 国际运动表现与康复中心

• 单位企业健身房

• 轨道棋

• 笼式球场

• 户外路径

• 室外智慧健身房